房屋安全隐患排查及处理

焦 柯 赖鸿立 蒋运林 主 编

中国建筑工业出版社

图书在版编目（CIP）数据

房屋安全隐患排查及处理 / 焦柯，赖鸿立，蒋运林
主编 . —北京：中国建筑工业出版社，2022.12
ISBN 978-7-112-27825-1

Ⅰ . ①房… Ⅱ . ①焦… ②赖… ③蒋… Ⅲ . ①房屋—
修缮加固 Ⅳ . ① TU746.3

中国版本图书馆 CIP 数据核字（2022）第 156270 号

本书根据作者及其团队多年的实践经验编写而成。全书共分为 5 章，包括房屋建筑安全知识、房屋安全检测常用方法、房屋加固处理常用方法、房屋检测鉴定案例、房屋加固改造案例。本书介绍了既有建筑的一些基本概念，装修、加装电梯等改造活动对房屋安全的影响，混凝土结构和砌体结构常用检测方法，建筑常见安全问题及加固设计方法，老旧自建房、中小学校、医院、钢结构厂房等建筑的检测鉴定案例和加固改造案例。

本书内容精炼，是面向普通业主的建筑安全知识科普读物，以期提高广大业主的房屋安全隐患意识。

责任编辑：王砾瑶　范业庶
责任校对：张辰双

房屋安全隐患排查及处理
焦　柯　赖鸿立　蒋运林　主　编
*
中国建筑工业出版社出版、发行（北京海淀三里河路 9 号）
各地新华书店、建筑书店经销
北京雅盈中佳图文设计公司制版
天津翔远印刷有限公司印刷
*
开本：787 毫米 ×960 毫米　1/16　印张：13　字数：184 千字
2023 年 1 月第一版　2023 年 1 月第一次印刷
定价：**55.00** 元
ISBN 978-7-112-27825-1
（40004）

前　言

　　20 世纪 80~90 年代建造的大量房屋现已达到设计年限的中期，由于房屋的正常老化和管理维护的不到位，房屋安全系数在逐年降低，房屋安全隐患也不断增加。近几年既有房屋安全事件时有发生，如福建泉州欣佳酒店坍塌事故、长沙 4·29 自建房坍塌事故，均造成重大人员伤亡，社会影响巨大。其实，房屋安全风险就在我们身边，比如装修过程中破坏承重结构、违规加建，建筑外墙瓷砖脱落、空调支架生锈、广告牌超期使用不及时处理等行为，都会造成严重后果。因此，广大业主多了解一些房屋安全知识是非常必要的。

　　我们编撰这本面向普通业主的建筑安全知识科普读物，就是期望大家在日常生活中多留意房屋的安全状态，譬如，墙体是否出现裂缝、基础是否出现沉降倾斜等，及时发现房屋安全隐患，这也是对自身生命财产安全的保障。

　　本书主要内容包括房屋建筑安全知识、房屋安全检测常用方法、房屋加固处理常用方法、房屋检测鉴定案例、房屋加固改造案例等 5 章，主要介绍了既有建筑的一些基本概念，装修、加电梯等改造活动对房屋安全的影响，混凝土结构和砌体结构常用检测方法，建筑常见安全问题及加固设计方法，老旧自建房、中小学校、医院、钢结构厂房等建筑的检测鉴定案例和加固改造案例。

　　参与本书编写工作有谭丽红、刘艳红、吴桂广、胡成恩、朵润民、邱敏、李蒙杰、潘健和、高志强、陈德凯、叶文许、黄炽辉、赵菁菁、戴乐章、韦宝赟、王文波、王森等广东省建筑设计研究院有限公司的同事，对他们出色的工作表示感谢。

　　本书内容涉及面广，书中的论述难免有不妥之处，望读者批评指正。

目 录

房屋建筑安全知识

1

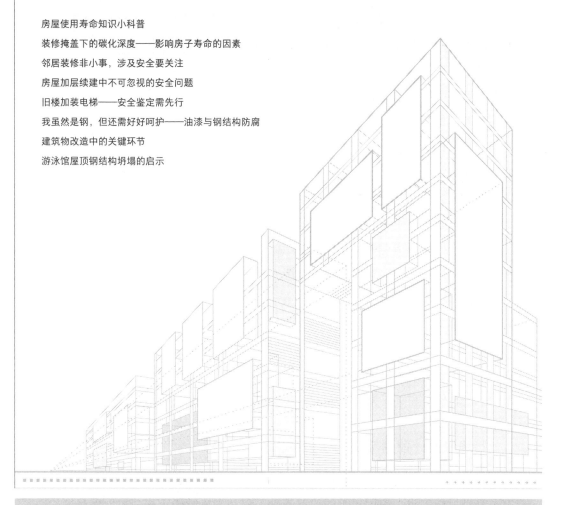

1.1 房屋使用寿命知识小科普

在日常生活中，我们会经常听到房屋设计年限是 50 年，产权是 70 年，那房屋的使用寿命究竟有多长？其实，不管是房屋设计使用年限还是产权年限，都不是房屋的真正使用寿命。在进入正题之前，先为大家科普两个关于房屋设计使用年限和房屋产权年限的小知识。

房屋设计使用年限是设计规定的一个时期，在这一规定的时期内，只需要进行正常的维护而不需进行大修就能按预期目的使用，完成预定的功能，即房屋建筑在正常设计、正常施工、正常使用和维护下所应达到的使用年限。现行国家标准《建筑结构可靠度设计统一标准》（GB 50068 −2018）中明确规定，对于普通房屋和构筑物，设计使用年限为 50 年。

房屋产权年限指房屋建筑产权的归属年限，包括民用住宅建筑、商用建筑、工业用建筑。按建筑使用类型有所不同，根据《中华人民共和国城镇国有土地使用权出让和转让暂行条例》第十二条明确规定，居住用地的土地使用权出让最高年限为 70 年。

说到这里，大家是不是会产生一个小疑问，70 大于 50，是不是说房子产权年限还没有到期，房子就得报废了？

下面我们一起来深入认识一下房屋设计使用年限这个名词的来源。

1. 房屋设计使用年限的前世今生

在 2000 年颁布的第 279 号国务院令《建设工程质量管理条例》中，规定了基础设施工程、房屋建筑的地基基础工程和主体结构工程的最低保修期限为设计文件规定的该工程的"合理使用年限"；《结构可靠性总原则》（ISO 2394：1998）中，提出了"设计工作年限"，其含义与"合理使用年限"接近。

在原国家标准《建筑结构可靠度设计统一标准》（GB 50068—2001）中，已将"合理使用年限"与"设计工作年限"统一称为"设计使用年限"，并规定建筑结构在超过设计使用年限后，应进行可靠性评估，根据评估结果，采取相应措施，并重新界定其使用年限。

设计使用年限是设计规定的一个时段，在这一规定时段内，结构只需进行正常的维护，而不需进行大修就能按预期目的使用，完成预定的功能，即建筑结构在正常使用的维护下所应达到的使用年限；如达不到这个年限，则意味着在设计、施工、使用与维护的某一或某些环节上出现了非正常情况，应查找原因。所谓"正常维护"，包括必要的检测、防护及维修。

那超出设计使用年限，房子还能住吗？

设计使用年限50年，指的是结构的基本寿命。当然，最基本的使用寿命并不决定着建筑的最终寿命，针对建筑物达到设计使用年限拟继续使用的这种情况，《民用建筑可靠性鉴定标准》（GB 50292—2015）中明确规定，应进行房屋可靠性鉴定，若鉴定不满足承载要求，应在加固处理后使用。影响房屋的最终使用寿命的因素有哪些呢？

（1）房屋使用过程中出现的自然老化现象

在房屋开始使用的时候，房屋就开始走向损坏，逐渐失去房屋所固有的质量和性能，病害就开始出现，这是自然的规律，是房屋正常的损耗。

（2）人为因素造成的破坏

人为因素造成的破坏，比如房屋不满足使用要求，随意地对房屋进行加建、改造、装修装饰等不当使用；又比如房屋在建造时存在设计和施工中的质量问题，没有及时进行有效的维护及检测。

（3）不可抗力的危害

不可抗力的危害，这是指除房屋自然损耗之外，遭受自然灾害的影响，如地震、洪水、火灾等。

针对房屋正常使用引起的自然老化，此时引入一个新的名词——房屋的耐久性。

2. 房屋的耐久性损伤

房屋耐久性是体现房屋可靠性的一个方面,耐久性越长,证明房屋的质量越可靠。随着房屋的逐渐使用,结构功能会随时间不断退化并累积损伤,房屋的耐久性下降,出现的问题不断增加,呈现出一种房屋的衰老状态,也就是耐久性不足。

房屋的耐久性缺陷会直接影响构件的有效截面,从而影响其承载性能及后续使用年限,常见的耐久性损伤见图1.1-1。

为保证既有建筑在后续使用年限内的安全和正常使用,在出现下列情况时,房屋应进行耐久性评定:

(1)达到设计使用年限,拟继续使用时;

(a)混凝土碳化深度超保护层厚度

(b)钢筋锈胀及保护层脱落

(c)承重砖墙表面风化

(d)砂浆粉化脱落

图1.1-1 常见的房屋耐久性损伤

（2）使用功能或环境明显改变时；

（3）已出现耐久性损伤时；

（4）考虑结构性能随时间劣化进行可靠性鉴定时。

因此，对于达到设计使用年限且准备继续使用的建筑，不仅需进行可靠性鉴定，耐久性评定也是必不可少的一道工序。

3. 耐久性评估过程

以混凝土结构的耐久性评估为例，一般环境中混凝土结构的耐久性应按下列三种极限状态评定：

（1）钢筋开始锈蚀极限状态；

（2）混凝土保护层锈胀开裂极限状态；

（3）混凝土保护层锈胀裂缝宽度极限状态。

对一般室内构件，宜采用混凝土保护层锈胀开裂极限状态进行评定。混凝土保护层锈胀开裂极限状态应为钢筋锈蚀产物引起混凝土保护层开裂的状态，可根据混凝土保护层锈胀开裂极限状态耐久性裕度系数 ξ_d 进行评定。

4. 实际案例分享

某项目位于广州市越秀区，建于 1975 年，结构形式为钢筋混凝土框架结构。地上 6 层，无地下室，建筑高度约 20.6m。混凝土结构的环境类别为一类环境。现场检查情况见图 1.1-2。

参考《既有混凝土结构耐久性评定标准》（GB/T 51355—2019）第 5 章，综合考虑碳化深度、保护层厚度、局部环境系数、混凝土强度、钢筋直径、环境温度、环境湿度、结构建成至检测时的时间、耐久重要性系数、目标使用年限等影响参数，根据公式计算出混凝土保护层锈胀开裂极限状态耐久性裕度系数 ξ_d。

（a）混凝土碳化深度超保护层厚度　　　　　（b）开凿发现钢筋锈蚀

图1.1-2　现场检测的耐久性损伤

$$\xi_d = (t_{cr} - t_0) / (\gamma_0 t_e)$$

式中　　t_{cr}——混凝土保护层锈胀开裂耐久年限；

t_0——结构建成至检测时的时间；

γ_0——耐久重要性系数；

t_e——目标使用年限。

计算结果显示，抽检构件、子单元的耐久性裕度系数计算值均小于1.0，故该房屋耐久性等级均评级为C级。即在目标使用年限内，评定单元耐久性不满足要求，应及时采取修复、防护或其他提高耐久性的措施。

5. 小结

现阶段老旧房屋的耐久性问题日渐突出，房屋的耐久性缺陷会直接影响构件的承载性能及后续使用年限。为延长房屋的最大使用寿命，房屋所有人应正确、合理使用房屋，减少对房屋结构的破坏，定期对房屋进行检查，如发现安全问题，应及时上报，并委托有资质的鉴定单位进行安全性鉴定。

对于鉴定的目标使用年限，应根据该建筑的使用史、当前安全状况和今后维护制度，由建筑产权人和鉴定机构共同商定。对需要采取加固措施的建筑，其目标使用年限应按现行相关结构加固设计规范的规定确定。

1.2 装修掩盖下的碳化深度——影响房子寿命的因素

很多人都认为老房子重新装修了便如同新的一样，但事实真的是这样吗？现在大部分的建筑都是采用钢筋混凝土材料建造的，钢筋混凝土没有肉眼可见的裂缝就不会有问题吗？事实上，所有的建筑物都有设计使用年限，而混凝土的碳化是影响建筑物使用年限的一个重要因素。现在人们对建筑安全越来越重视，那么混凝土的碳化对建筑物的安全到底有什么影响呢？下面我们就来了解一下混凝土的碳化。

1. 混凝土碳化

混凝土碳化是指混凝土中的高碱性物质（主要是氢氧化钙）同大气中的二氧化碳发生化学反应的现象。由于混凝土碳化是在混凝土的构件外表面及表面下形成一个坚硬的碳化表皮，所以又称为混凝土"表面碳化"。

2. 测定混凝土碳化深度值的意义

《回弹法检测混凝土抗压强度技术规程》（JGJ/T 23—2011）规定，采用回弹法检测混凝土强度时，需用混凝土碳化深度值进行修正。由混凝土的碳化深度可定性地推定混凝土中的钢筋锈蚀情况。下面简述混凝土碳化与钢筋锈蚀的关系。

普通硅盐水泥在水化过程中生成大量的氢氧化钙。钢筋在碱性介质中表面生成难溶的保护膜（或钝化膜）使钢筋难以生锈。混凝土硬化以后，表面遭受空气中二氧化碳的作用，氢氧化钙慢慢变成碳酸钙而失去碱性，即混凝土碳化。混凝土碳化深度达到钢筋表面，碳化部分的钢筋表面因保护膜破坏而开始生锈，但碱性部分的钢筋表面并不生锈。钢筋生锈后体积增大，会破坏混凝土保护层，水、空气沿着钢筋产生的裂缝进入，加速了钢筋的锈蚀。锈蚀过程如图 1.2-1 所示。

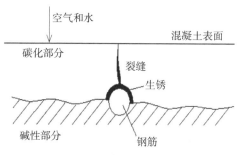

图1.2-1　混凝土碳化和钢筋锈蚀

因此，一般认为当混凝土保护层厚度大于碳化深度时，钢筋没有锈蚀；保护层厚度与碳化深度接近时，则钢筋表面开始有局部锈点出现；当碳化深度大于保护层时，锈蚀一般不可避免地出现。

由于已碳化混凝土中钢筋锈蚀时，将产生钢筋截面削弱、钢筋与混凝土相互作用能力降低等情况，所以一般也认为当钢筋锈蚀发展到混凝土保护层沿钢筋开裂的程度时，尽管尚不影响构件安全使用，但可认为是开始危及结构安全的前兆。

3. 混凝土碳化深度的检测方法

混凝土碳化深度，可用合适的工具（如钻、凿子）在测区表面形成直径约为 15 mm 的孔洞，其深度约大于预估碳化深度值 1cm 即可，然后除去孔洞中的粉末和碎屑，但不能用液体冲洗。用胶头滴管吸入少量的浓度为 1.5%酚酞酒精溶液滴入孔洞区，酚酞遇到混凝土中的强碱会变色，已经碳化的部分是无色的，然后使用混凝土碳化深度测量仪测量混凝土的具体碳化深度值，测量三次，最后取平均值，精确至 0.5mm即可。混凝土碳化深度的现场检测方法见图 1.2-2。

图1.2-2　钢筋混凝土碳化的测定

广州某大厦始建于1986年，为框架结构，构件保护层厚度为20mm，现场实测地下室部分构件碳化深度已超过保护层厚度，经开凿发现，在饰面层以及混凝土构件表面均无开裂情况下，内部钢筋出现明显的锈蚀情况，如图1.2-3所示。

图1.2-3　混凝土碳化导致钢筋锈蚀

4. 结语

随着建筑物使用时间的增长，建筑物本身的材料也在不断老化；而混凝土的碳化几乎不可避免，当建筑结构的使用年限超过设计使用年限后，并不是不能使用，而是结构失效的概率较设计预期值增大。所以，当建筑达到或已经接近设计使用年限并需要继续使用时，应对建筑物进行鉴定，并根据鉴定结论作相应处理。

1.3　邻居装修非小事，涉及安全要关注

装修对于我们每家每户来说都是一件人生大事，俗话说"人靠衣裳马靠鞍"，哪个小伙伴不希望回家后看到的是时尚、温馨、实用的场景呢。装修避免不了钻孔打眼儿，但在这里要提醒大家，装修的时候千万别想当然去做，不能动的地方千万不要动，不然就会很"要命"，不仅令自己及家人的生命安全受到威胁，就连邻居也没办法得到安心。

下面以一个工程实例来进行介绍。该建筑建设于 2001 年，地上 28 层，为部分框支剪力墙结构，本次鉴定的范围就在第 28 层。由于委托方进行房屋室内装修过程中对部分承重构件进行了开孔、开槽作业，故委托我们对本房屋现场检测、相关资料分析及结构验算，分析开孔、开凿位置的构件损伤情况，对受到开孔、开槽作业影响的相关构件安全性做出评估，对发现的问题提出合理的处理意见。

1. 装修开洞的计算分析

建筑的上部结构为框架剪力墙结构，建筑用途为住宅，基本风压取 $0.5kN/m^2$，其余条件均按照原设计图纸取值。建筑结构模型示意见图 1.3-1。

本项目装修中框架梁多数在接近梁中和轴位置开洞，当顶底纵筋无损伤时，对梁的混凝土受压区影响较小，因而对抗弯承载力影响较小。但如果打洞位置位于钢筋保护层附近，此处钢筋较密，可能会打断受力纵筋，且孔径过大，一处多孔，一梁多孔，孔在梁下口（梁下口钢筋已断）等，都会对梁产生致命的伤害，存在潜在危险。图 1.3-2~ 图 1.3-5 为结构构件的开洞位置现场照片。

通过计算分析开洞梁在静力荷载下的影响，得出原设计梁与开洞梁抗剪承载力对比结果，梁编号位置见图 1.3-6，抗剪承载力对比结果见表 1.3-1。

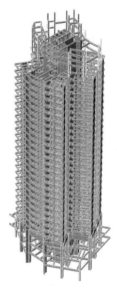

图1.3-1 结构模型

2. 评估与建议

根据上述分析，在不考虑地震作用工况下，梁上所开洞口导致箍筋破坏时，梁的抗剪承载力相对损失基本在 50% 左右，对梁截面的抗剪能力影响较大，相应构件需采取针对性修复措施。对于洞口未打断钢筋的构件，考虑到

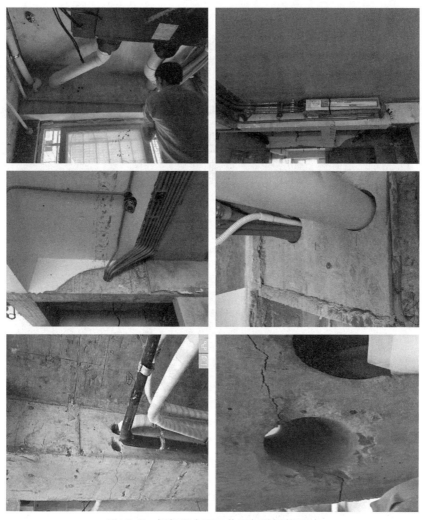

图1.3-2 框架梁上不同位置打孔现场照片

构造要求及耐久性，也需采取相关修复措施。

对于开槽露筋构件，建议使用环氧树脂砂浆封堵线槽，封堵后，保护层厚度应满足规范要求；因钻孔导致受力钢筋打断的构件，建议针对损伤的钢筋进行等强焊接修补，并用比原设计高一等级的膨胀细石混凝土修补洞口。

图1.3-3　剪力墙上不同位置打孔现场照片

（a）混凝土柱下部开槽示意

（b）开槽部位钢筋现状情况

图1.3-4　混凝土柱上开槽现场照片

图1.3-5 混凝土板上打孔现场照片

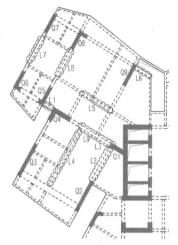

图1.3-6 开洞受损的混凝土梁
编号及位置示意图

抗剪承载力相对损失对比 表1.3-1

构件位置编号	L1	L2	L3	L4	L5	L6	L7	L8	L9
开洞但箍筋完好情况下的抗剪承载力相对损失	6.8%	—	—	—	8.4%	—	9.5%	—	—
开洞且有一道箍筋被破坏时的抗剪承载力相对损失	—	50.4%	55.2%	48.4%	—	50.4%	—	59.1%	68.9%

3. 结语

看完上述工程实例，你是不是感到吃惊？小小的洞口居然对构件有这么大的影响！许多人认为不打断受力钢筋就问题不大，殊不知损伤比想象中要严重，尤其针对一些承重构件（梁板柱、承重墙等），牵一发而动全身，最终可能影响建筑整体的安全性。因此，在整个装修的过程中，千万不要盲目装修，当涉及结构部分的改造时，应委托具备资质的单位进行设计和施工，并按照当地管理程序进行申报。

1.4 房屋加层续建中不可忽视的安全问题

加层续建，顾名思义，是指在房屋原有楼层上加盖新的楼层，包括通过在某一层中增加夹层的方式，使得原有房屋增加一层或者多层的使用楼层，以满足建设方的使用需求。

看到这里，你是否在想，能够多增加几层楼，何乐而不为？听起来很诱人，但这其中有几个不可忽视的安全问题，你是否知道呢？

1. 房屋加建续建常见问题

安全问题一：原上部结构承载力是否能满足加层续建要求？

首先我们来看一个加建夹层的案例。

2020 年 3 月 7 日 19 时 14 分，位于福建省泉州市鲤城区的欣佳酒店所在建筑物发生坍塌事故，造成29 人死亡、42 人受伤，直接经济损失 5794 万元。事发时，该酒店为泉州市鲤城区新冠肺炎疫情防控外来人员集中隔离健康观察点。坍塌事故现场照片见图1.4–1。

图1.4–1　坍塌事故现场

该事故中的建设方置安全生产及人民生命安全于不顾，违规加建扩建，最终导致这起悲剧的发生。

经调查，事故的直接原因是，建设方将欣佳酒店建筑物由原四层违法增加夹层改建成七层，建筑达到极限承载能力，并处于坍塌临界状态，加之事发前对底层支承钢柱违规加固焊接作业引发钢柱失稳破坏，导致建筑物整体坍塌。

可见，加建夹层时，需要特别注意对原结构的承载力进行复核；设计及施工时，需要采取支撑、静力拆卸等对原结构有利的措施，避免造成对原结构不利的破坏。同时，对于钢结构工程，特别注意应验算其整体稳定性，避免因局部构件失稳而导致整体结构发生连续坍塌。

安全问题二：原基础及地基承载力是否能满足加建要求？

另一个不容忽视的问题就是，加层续建会显著增加房屋自重，给基础及地基的承载力造成更大的负担。若基础及地基承载出现问题，可能会造成房屋沉降、倾斜甚至倾覆倒塌，直接危及整栋房屋的安全，如不加以重视，同样会造成不可挽救的悲剧。因基础及地基承载力不足造成的房屋损伤案例见图 1.4-2 和图 1.4-3。

安全问题三：加层续建后，房屋由单结构体系转变为多种结构体系混合造成的抗震不利问题。

这种情况常见的是在原框架结构房屋上加层续建钢结构楼层，上、下结构存在材料的阻尼比不同、刚度及承载力的突变、构件的连接保障等问题，因此容易出现抗震不利情况。现行建筑抗震设计规范中均没有规定上、下不同材料的结构形式的设计计算以及有关要求，属于超规范设计，应进行专门的研究和论证。常见的混合结构体系见图 1.4-4。

图1.4-2 基础及地基承载问题造成的房屋倾斜　图1.4-3 基础及地基承载问题造成的房屋周边地陷及裂缝

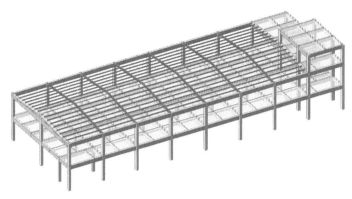

图1.4-4　常见的混合结构体系模型示意

2. 房屋加层可行性分析案例

如果打算对建筑物进行加层续建，对建筑物结构的检测鉴定及进行加层可行性分析尤为重要。下面分享某项目中建筑物拟加层结构承载力计算分析。

1）项目概况

某建筑物建于 2017 年，房屋为地上五层、地下一层钢筋混凝土框架结构，使用用途为图书馆，建筑物总高度为 21m，建筑面积约 6000m²。

目前委托方拟在原屋面层加建一层钢结构层，为确认加建钢结构层对建筑结构造成的影响，根据原有地勘资料、竣工图纸以及验收资料，结合现场检测数据，对房屋结构拟加层后承载力进行计算分析及评估，并对发现的问题提出合理的处理意见。

2）现场检测情况

检测项目主要包括资料调查与结构布置检查、地基基础勘查、构件尺寸检测、材料强度检测、碳化深度检测、钢筋配置检测等。

（1）部分现场检查情况见图 1.4-5。

（2）根据现场调查，本项目周边无基坑开挖、边坡等不利环境，也未发现上部结构有明显沉降裂缝。查阅竣工图纸及地勘资料得知，本项目基础形

（a）钢筋直径开凿检测

（b）室内现状检查

（c）填充墙砌块脱落及墙体开裂、渗漏

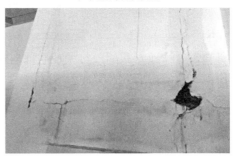
（d）填充墙砌块脱落及墙体开裂、渗漏

图1.4-5　部分现场检测情况照片

式为人工挖孔墩基础，基础持力层为中风化玄武岩层，岩层坚硬、平坦。

3）计算分析

结合现场检测数据，对该建筑结构进行加层前后建模验算，见图1.4-6。

本次复核根据现场结构实测参数进行建模，混凝土结构柱、梁、板自重由软件自动计算，楼、屋面装饰荷载、活荷载以及隔墙荷载等根据现场实际调查情况取值。

（1）地基承载力复核：由于现场条件限制，本次检测无法对房屋基础进行开挖检测，根据业主提供的竣工验收报告及上部结构损伤、变形检测，目前房屋地基基础使用功能正常，无明显安全隐患。根据业主提供的竣工图以及地勘资料进行复核，建筑采用人工挖孔墩基础，原地基承载力为 2800kPa。

（a）建筑物现状模型　　　　　（b）建筑物拟加建钢结构层后模型
（加建层为框选位置）

图1.4-6　计算模型示意

对建筑结构地基基础进行拟加层前后对比分析得知，加建前标准工况下各柱底轴力最大值为5759.7kN，加建后最大值为6136.9kN，轴力明显增大。经复核，加建后各基础底面的平均压力值均小于2800kPa，加层后该项目地基承载力满足要求。

小结：加层前，对地基承载力的复核尤为重要，地基不满足承载力，可能导致房屋不均匀沉降、造成建筑物倾斜甚至倒塌。

（2）上部结构承载力复核：加建后，原屋面活荷载明显增加。对加建前后静力荷载作用下结构计算模型进行对比分析，该房屋加层后，存在部分框架梁、次梁及板构件承载力不满足的情况，加层前，应对加层后承载力不满足的构件采取加固措施。

小结：加层后使用功能改变，原屋面活荷载增加导致部分梁板构件不满足承载力要求，对结构正常使用带来不利影响。在不明确结构承载力是否满足情况下，随意加层可能造成构件开裂、损坏等情况，房屋存在安全隐患。

（3）抗震评估：根据现行国家标准《建筑抗震鉴定标准》（GB 50023—2009）对本建筑采用C类建筑（后续使用年限50年）的抗震鉴定方法进行评估。房屋加层后建筑高度由21.0m变更为25.3m，抗震等级提高，抗震措施要求相应提高。根据《建筑抗震设计规范》（GB 50011—2010）（2016年版），本项目房屋个别构件轴压比超过 0.75，部分构件不满足体积配箍率要求。后期加固改造中应综合考虑，并采取相应措施。

小结：房屋加层后，存在部分构件抗震措施不满足要求，对房屋抗震性能不利。

3. 结语

许多朋友希望对自家房屋进行加层，以增加使用面积满足使用需求。但是，房屋加层并不是可以随心所欲进行的，房屋加层前要完成相关的手续和报备等工作，也要做好房屋安全鉴定及加层可行性分析工作，房子能加多少层要有分析依据。加层改造也应委托具有相应资质的设计单位设计，并出具设计图纸。如果房屋结构承载力达不到加层的要求，还需进一步针对不满足要求的地方进行加固处理。

1.5 旧楼加装电梯——安全鉴定需先行

近年来，全国各地掀起了对旧楼加装电梯的热潮。多层住宅改造加装电梯，能使旧房住户的居住生活质量得到改善，提升住户的幸福感，促进老城区的安定和谐；多层办公楼改造加装电梯，可以提升办公楼的档次，吸引优秀的公司纷纷进驻；多层医院改造加装电梯，能让病人就诊更省心，同时医院也能扩展其他业务，为周边居民提供便利。

针对加装电梯的专项工程，各地先后出台多个关于既有建筑加装电梯的相关政策文件，全面统筹和规范各地加装电梯的工作。譬如，广州市 11 个辖区纷纷出台相关扶持政策，支持既有建筑加装电梯，针对旧楼加装电梯项目给予 10 万 ~15 万元不等的财政补助。截至 2019 年 9 月底，广州老旧房屋加装电梯规划审批已达 6153 宗，建成投入使用共 3781 台，加装电梯数量占全国加装电梯总量的 40%，居全国各大城市首位，旧楼装电梯项目已惠及 70 万广州居民。

1. 加装电梯前进行房屋安全鉴定的必要性

目前有很多旧楼加装电梯的方案，常见的有廊桥式、板桥式等，如图 1.5-1 所示。无论是哪种加装方式，都会对房屋结构安全有一定的要求。在达成加装电梯的意愿后，业主应当委托具有相应资质的单位进行建设工程方案设计，有必要对既有住宅结构安全性进行鉴定的，还应委托具有相应资质的房屋安全鉴定机构进行现场查勘、鉴定。对于房屋结构安全达不到要求，或存在其他不符合有关法律、法规要求的旧楼，将不得增设电梯，规划部门不予批准。

简而言之，房屋安全鉴定是加装电梯程序中必不可少的一环。

（a）廊桥式加装电梯　　　　　　　（b）板桥式加装电梯

图1.5-1　目前常见的旧楼加装电梯形式

2. 案例一

1）工程概况

本工程位于广州市越秀区，建于1973年，使用年限已50年。房屋结构形式为混合结构（钢筋混凝土框架结构及砌体结构混合），原设计为地上六层、无地下室，前期使用中已加建至地上七层，建筑高度约为22.8m。房屋现状见图1.5-2。

为提供更好的医疗服务，委托方拟进行房屋装修改造及加装电梯，考虑到该房屋使用时间较长，故须对房屋进行可靠性鉴定。

图1.5-2　房屋现状图

2）现场检测

根据委托方提供的部分原始结构设计图纸，检测内容如下。

（1）结构布置及构件尺寸核查：采用激光测距仪复核轴线间距，并使用钢卷尺对抽检构件的截面进行检测，确认其实际情况是否与图纸一致；

（2）对混凝土构件进行钻芯法检测混凝土抗压强度、碳化深度检测、保护层厚度检测、钢筋配置测定等基础项目；

（3）对承重砖墙进行回弹法检测砖抗压强度、贯入法检测砂浆抗压强度；部分现场检测照片见图1.5-3；

（4）对房屋地基基础、上部承重结构、围护结构三大部分的损伤现状进行详细检查、检测；重点对构件目前存在的损伤进行记录观察；对部分构件装修层进行剔凿，判断其裂缝是否为结构裂缝等。

检测结果显示：房屋主体结构无明显倾斜；承重构件未发现结构性裂缝，未发现明显变形及损伤；部分围护结构存在非结构性损伤。

（a）钻芯法检测混凝土强度　　　　（b）钻芯法检测混凝土强度

（c）回弹法检测砖抗压强度　　　　（d）贯入法检测砂浆抗压强度

图1.5-3　部分现场检测照片

3）技术分析

依据现场检测结果及原设计图纸，按照《民用建筑可靠性鉴定标准》（GB 50292—2015）对房屋进行建模验算承载力及等级分析评定。结构计算模型示意见图1.5-4。验算结果显示：主体结构大部分构件承载能力均不满足目前使用要求。

关于加装电梯的建议：由于本项目房屋存在构件承载力不满足情况，应对相关构件进行加固处理后再加装电梯，确保房屋使用安全。

3. 案例二

1）工程概况

本项目建于 1976 年，已使用 40 余年，主体结构为地上七层钢筋混凝土框架结构。现委托方拟将房屋一侧室外楼梯进行拆除，重新增设电梯。由于缺失部分结构图纸，故设计方需要全面了解建筑物目前的安全性能和使用性能，并对结构改造的安全性做出评定。

2）现场检测

由于缺乏结构图纸，本项目所有检测数据均作为计算依据：

（1）对结构布置、截面尺寸全数进行检测；

（2）对楼梯改造位置附近构件的钢筋直径进行开凿检测；

（3）对混凝土抗压强度采用钻芯法进行检测。

结构计算模型示意见图 1.5-5。

3）技术分析

依据检测结果及《民用建筑可靠性鉴定标准》（GB 50292—2015），对建

图1.5-4 案例一结构计算模型

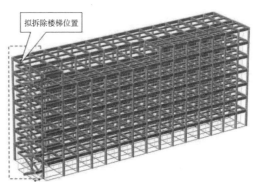

拟拆除楼梯位置

图1.5-5 案例二结构计算模型图

筑物安全性等级进行分析评定。结果显示：拆除楼梯后对房屋构件进行承载力复核，主体结构承载能力验算满足要求。

关于加装电梯的建议：主体结构承载能力满足要求，业主可委托有相关资质的单位进行后续的电梯改造设计。结构梁拆除后，应对原有钢筋截断处采取必要的处理措施。

4. 小结

随着经济与社会发展，旧楼加装电梯将成为一件司空见惯的事情。在加装电梯之前，应进行安全鉴定，既能保证房屋加装电梯的安全，也能检查出房屋存在的安全隐患，一举两得，让业主更省心。

通过对主体结构的现场检测、有关资料分析及结构验算，分析建筑物的工程质量，对结构的可靠性做出评估，能有效排查房屋安全隐患及其他影响使用的因素，为房屋的改造提供充分依据。同时，可对后续使用提出合理的处理意见，为业主的房屋安全提供保障。

1.6 我虽是钢，但还需好好呵护 ——油漆与钢结构防腐

轻质高强的钢是性能优越的建筑材料，可是它也有"阿喀琉斯之踵"，在缺乏有效防护措施的状态下易腐蚀，防火性能较差。最早的钢结构为铁质结构，防腐蚀设计较差，但得益于保守设计导致的较大截面，一大批铸铁结构有幸存留至今。在西方国家，第一个完全用铸铁建造的桥梁于1779年出现在英国科尔布鲁克代尔（图1.6-1），仍存留至今。1889年，埃菲尔铁塔建成开放。自建成起，每隔7年需要整体涂装一次，每次涂装平均需要使用70t左

右的涂料。2016年4月11日，港珠澳大桥青州航道桥顺利合龙（图1.6-2）。这座钢箱梁混凝土墩斜拉桥基于120年设计使用寿命进行耐久性设计，钢箱梁外表面是多种涂料叠加的体系。如今，钢结构是轻巧结构的代名词，给其披上有效的防护外衣才是常葆青春的正道。本节对钢结构的防腐涂料（油漆）略作讨论，期待在这个我们既熟悉又陌生的领域抛砖引玉。

1. 规范要求

钢结构的防腐方式有防腐蚀涂料，各种工艺形成的锌、铝等金属保护层，阴极保护措施，耐候钢，以及上述防腐方案的组合。

根据《工业建筑防腐蚀设计标准》（GB/T 50046—2018）第3.3.3条，防护层的设计使用年限应符合下列规定。

（1）低使用年限：使用年限应为2~5年；

（2）中使用年限：使用年限应为6~10年；

（3）长使用年限：使用年限应为11~15年；

（4）超长使用年限：使用年限应为15年以上。

在设计上，首先应采取以下方式控制钢结构腐蚀。

图1.6-1 英国科尔布鲁克代尔铸铁桥

图1.6-2 港珠澳大桥青州航道桥

排水设计：不应在户外钢结构上出现可积水区域，否则积水区域一定会加快腐蚀速度。例如，H 型钢截面腹板沿水平向放置的时候，就会有形成积水区域的隐患；闭口截面端头需设置端封板，杆件上开孔的时候需采取相应的措施。

边角设计：边角处不应出现利角，应将其打磨平滑，否则此处容易出现锈蚀。

避免双金属设计：应尽量避免两种不同的金属直接接触，如铁管和铜连接器，此时由于电位差的存在，铁管会加速腐蚀。

焊接设计：焊接时，应满焊，不应点焊，并且应将其表面打磨平滑，除去所有飞溅的焊渣，否则将不可避免地加速腐蚀。

在上述设计措施基础上，再使用防腐蚀涂料，就可以达到比较理想的防腐蚀效果。

2. 防腐蚀涂料

防腐蚀涂料（油漆）是最常见的钢结构防腐方式。新建钢结构设计使用年限一般为 50 年，在其服役期内，需要更新几次防腐蚀涂层。在一般的钢结构设计设计总说明里面，都会写明底漆、中间漆及面漆三项要求。那究竟这"三漆"有何讲究？

底漆是指直接涂到物体表面作为面漆坚实基础的涂料，是油漆系统的第一层，用于提高面漆的附着力、增加面漆的丰满度、提供抗碱性、提供防腐功能等，同时可以保证面漆的均匀吸收，使油漆系统发挥最佳效果。底漆主要直接喷涂用于在表面抛丸或者其他方式处理过的钢材表面，主要是起到封闭钢材、增加附着力、填平三种作用。

中间漆主要用于增加涂层的总体厚度，提高整个涂层的防腐性能。涂层的防腐性能有时依赖于整个涂层系统的总体膜厚，有些功能性底漆不宜太厚，而面漆的成本又相对较高，所以合理使用中间漆，即可以保证整体膜厚，又可以减少面漆的用量，降低配套成本。目前通常将中间漆制成高固体分厚膜型涂料，可以采用无气喷涂的方法，涂装 1~2 次就能达到所需要的厚膜效果。

面漆主要起装饰和保护作用，一般面漆中成膜物质含量比较高，填料较少。

根据《工业建筑防腐蚀设计标准》（GB/T 50046—2018）第 5.2.3 条，钢结构的表面防护宜符合表 1.6-1 的规定。

防腐蚀涂层最小厚度   表1.6-1

防腐蚀涂层最小厚度（μm）			防护层使用年限（年）
强腐蚀	中腐蚀	弱腐蚀	
320	280	240	>15
280	240	200	11~15
240	200	160	6~10
200	160	120	2~5

国内外钢结构通常采用"底涂＋中涂＋面涂"的防腐体系，底涂材料分为金属喷涂和涂料重防腐。而金属喷涂的材料又分为锌、铝、锌铝合金等。重防腐底涂材料也分为无机富锌涂料和环氧富锌涂料等。中涂多采用环氧云铁涂料，面涂材料分为丙烯酸聚氨酯涂料、硅氧烷涂料及氟碳涂料等。

3. 各种油漆的门道

钢结构常见的底漆有醇酸防锈漆（普通防锈漆）、无机富锌底漆、环氧富锌底漆、高氯化聚乙烯底漆（用于耐酸碱化工行业钢结构）、环氧煤沥青底漆（用于地下钢结构）。钢结构常见的中间漆有环氧云铁中间漆、高氯化聚乙烯中间漆、环氧煤沥青中间漆等。钢结构常见的面漆有丙烯酸漆和氟碳漆等。

醇酸防锈漆（普通防锈漆）就是我们常见的红通通的那种油漆，仅能够配套醇酸磁漆、调和漆等普通油漆，用于腐蚀不严重、外观及防腐要求不高的涂装领域，仅在普通大气环境下有着较好的防锈效果，不宜用于化工、海边、高耐候要求的涂装领域。它在涂装前对钢结构的表面处理要求较低，钢结构表面动力除锈、手工打磨至 St2 级别，即可正常涂装。

无机富氧底漆一般配套环氧云铁中间漆及各种高性能的双组分面漆，具有电化学防锈防腐、缓蚀等多重防锈效果，耐盐雾、耐溶剂、耐碱、耐油。该漆耐高温，可作为高温管道的防锈底漆使用。

环氧富锌底漆，可作为重防腐涂层的配套底漆，有阴极保护作用，适用于储罐、集装箱、钢结构、钢管、海洋平台、船舶、海港设施以及恶劣防腐蚀环境的底涂层等。

在钢结构、桥梁重防腐体系中，中间漆通常选用环氧云铁中间漆，尽管它也可以作为防锈底漆使用。环氧云铁中间漆（底漆）是以灰色云母氧化铁为颜料，以环氧树脂为基料，聚酰胺树脂是由固化剂等组成的二罐装冷固化环氧涂料。由于云母氧化铁及环氧树脂的优越性能，漆膜坚韧，具有良好的附着力、柔韧性、耐磨性和封闭性能等，环氧云铁漆一般作为中层漆使用，可与环氧富锌底漆配套使用，可增强涂层之间的封闭性和防腐性能。在很多大型钢铁防锈防腐项目中，都会见到环氧云铁中间漆的身影，它不仅能够提高防锈效果，还能节约成本。环氧云铁中间漆是一款性价比非常高的油漆（图 1.6-3）。

图1.6-3 桥梁钢结构防腐涂料

4. 关于涂装的强条

根据《钢结构工程施工质量验收标准》（GB 50205—2020）第 13.2.3 条，防腐涂料、涂装遍数、涂装间隔、涂层厚度均应满足设计文件、涂料产品标准的要求。当设计对涂层厚度无要求时，涂层干漆膜总厚度规定如下：室外不应小于 150μm，室内不应小于 125μm。

检查数量：按照构件数抽查 10%，且同类构件不应少于 3 件。

检验方法：用干漆膜测厚仪检查。每个构件检测 5 处，每处的数值为 3 个相距 50mm 测点涂层干漆膜厚度的平均值。漆膜厚度的允许偏差应为 –25μm。

5. 关于涂装的检测

依据《钢结构现场检测技术标准》（GB/T 50621—2010），对涂装检测有以下要求。

1）防腐涂层厚度的检测

可采用涂层测厚仪进行检测，最大量程不应小于 1200μm，最小分辨率不应大于 2μm，示值相对误差不应大于 3%。对于同一构件，应检测 5 处，每处的数值为 3 个相距 50mm 的测点涂层厚度的平均值。

2）防腐涂层厚度

（1）每处 3 个测点的涂层厚度平均值不应小于设计厚度的 85%，同一构件上 15 个测点的涂层厚度平均值不应小于设计厚度。

（2）设计对涂层厚度无要求时，涂层干漆膜总厚度规定如下：室外应为 150μm，室内应为 125μm，其允许偏差应为 –25μm（图 1.6-4）。

6. 一些关于腐蚀和防腐的数据

研究表明，P、Cu、Cr 和 Al 等元素对钢的耐腐蚀性有利，Ni、Si、Mo、Co、Be 等元素次之，而 C、Mn、S 等元素助长腐蚀。

根据学者在美国基尔海滨试验的钢桩 5 年后的腐蚀情况，计算得到的未经涂层保护的钢材腐蚀速率见表 1.6-2。

（a）涂层厚度检测仪　　　　（b）涂层检测现场操作情况

图1.6-4　钢结构涂装现场检测

未经涂层保护的钢材腐蚀速率　　　　　　　　表1.6-2

类别	腐蚀速率（mm/年）	
	耐海水腐蚀钢	碳素钢
海洋大气区	0.04~0.05	0.10~0.30
飞溅区	0.10~0.15	0.30~0.50
潮差区	0.05~0.10	0.05~0.10
全浸区	0.15~0.20	0.20~0.25
海泥区	0.04~0.06	0.05~0.10

1.7　建筑物改造中的关键环节

　　每栋建筑物在它最初设计的时候都有明确的使用用途，一般情况下使用功能都是不变的，但是随着时代发展及生活生产的实际需要，部分房屋原设计的使用功能就会发生改变。那么，当这种情况出现的时候，应该怎么做才能确保改造是安全可行的呢？下面结合几个不同结构形式的实际案例来跟大家交流。

1. 现状检测

当涉及改造的建筑物的原始设计图纸资料已丢失时，技术人员首先需要在现场对整栋建筑物的现状结构布置及建筑布置情况进行测绘，包括对承重构件截面尺寸、钢筋配置情况、材料强度、轴线定位等参数的检测测量。现场作业示例见图 1.7-1。

2. 结构承载能力分析

技术人员应根据现场复原建筑物现状结构与建筑布置图，建筑物材料强度等计算参数应按照现场实际检测结果选取，就可以展开对建筑物结构体系进行计算分析。部分结构计算模型示例见图 1.7-2。

根据结构模型计算分析，建筑物原设计使用功能改变后，楼层荷载增大，并且结构受力体系发生改变，导致部分承重构件承载力不满足改造后要求。

3. 加固改造施工

根据上述分析，需要对不满足改造后承载力要求的构件采取加固等有效措施处理后，才能继续安全使用。部分建筑物加固施工示例见图 1.7-3。

4. 结论

改变建筑物的使用功能时，一般都会改变其使用荷载或者受力体系等。因此，为了安全起见，先对建筑物进行全面的"身体检查"是十分有必要的。检查完成后，再根据实际情况对建筑物采取相应的处理措施后，才能继续安全使用。

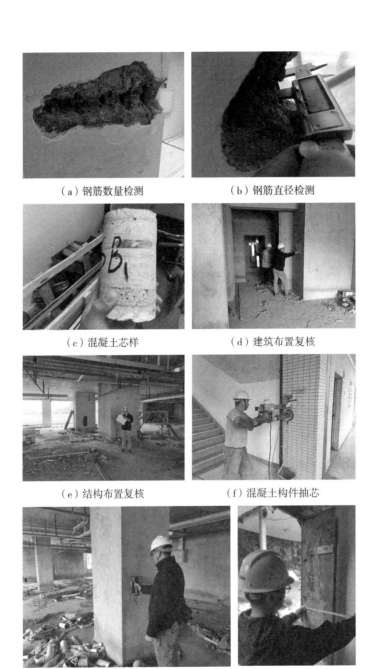

（a）钢筋数量检测　　　　　　（b）钢筋直径检测

（c）混凝土芯样　　　　　　　（d）建筑布置复核

（e）结构布置复核　　　　　　（f）混凝土构件抽芯

（g）钢筋配置扫描　　　　　　（h）构件截面尺寸测量

图1.7-1　现场作业情况

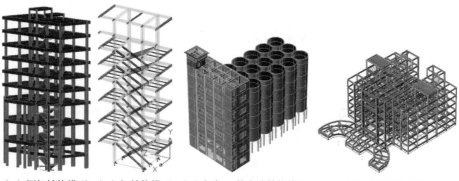

（a）框架结构模型　（b）钢结构模型　（c）框架–剪力墙结构模型　　（d）框架结构模型

图1.7-2　部分结构计算模型示例

（a）混凝土柱包钢加固　　　　　　　（b）混凝土梁贴碳纤维加固

（c）混凝土板贴碳纤维加固　　　　　　（d）混凝土梁增大截面加固

图1.7-3　部分建筑物加固施工情况

1.8 游泳馆屋顶钢结构坍塌的启示

1. 事故相关信息

2022 年 4 月 18 日上午，郑州市金水区东风路五洲温泉游泳馆发生局部坍塌，经应急、公安、消防、卫健等部门现场紧急救援，截至 15 时 30 分，现场救援共救出 12 人，其中轻微伤和轻伤 9 人、死亡 3 人（1 人经抢救无效死亡，2 人现场死亡）。据了解，该馆于 20 世纪 90 年代建成，现场照片如图 1.8-1、图 1.8-2 所示。

2. 此次事故发生的原因

根据相关媒体报道，屋面坍塌可能与由于钢结构腐蚀造成的失稳或支座失效有一定关系，具体坍塌原因有待查明。

根据相关媒体调查显示，在事故发生前，很多顾客也反映过游泳馆设备老旧，装修破落，每年都要进行维修，基本上就是边开放边维修，且都是零零散散地维修，哪里出问题补哪里，并未对游泳馆进行整体维护。2021 年

图1.8-1　坍塌现场照片一

图1.8-2　坍塌现场照片二

7 月，该泳馆深水池顶部出现小部分坍塌，但游泳馆并未暂停营业，而是正常开放其他区域，对坍塌区域仅维修 1 天便继续开放。

（注：以上资料均来源于新浪新闻、南方周末等相关媒体发布的新闻报道，具体情况以官方发布为准。）

3. 房屋日常检查的重要性

本次游泳馆坍塌事故看似是意外，实则是经营者长期漠视安全问题、心存侥幸所导致的必然结果。

目前大多数既有房屋的使用中，使用者往往会忽视对房屋的定期检查，未能对出现的结构问题引起重视，也未及时采取处理措施。为了转变大众"重建设，轻维护"的理念，2022 年最新实施的通用规范《既有建筑维护与改造通用规范》（GB 55022—2021）中提到，应对既有建筑进行每年的日常检查，具体条文详见图 1.8-3。

4. 钢结构房屋日常检查的重点

在《既有建筑维护与改造通用规范》（GB 55022—2021）中提到，结构的日常检查主要应包括以下内容。

1）结构的使用荷载变化情况

当结构的使用荷载出现改变时，应根据相关国家规范要求对结构进行安

2.0.2 既有建筑应确定维护周期，并对其进行周期性的检查。
2.0.3 既有建筑的维护应符合下列基本规定：
　　1 应保障建筑的使用功能；
　　2 应维持建筑达到设计工作年限；
　　3 不得降低建筑的安全性与抗灾性能。

3.1.2 在日常使用维护过程中，应对既有建筑的使用环境以及损伤和运行情况等进行定期的日常检查，检查周期每年不应少于1次。

图1.8-3 《既有建筑维护与改造通用规范》中相关条文

全鉴定，确保房屋使用安全。

2）建筑物周围环境变化和结构整体及局部变形

建筑物周边环境发生变化时，如室内环境有干燥环境变化为潮湿环境，或周边建筑物施工带来的振动，均会对房屋的正常安全使用造成较大的影响。

为确保房屋处于正常工作状态，建议每年对房屋进行整体变形测量，通过对比每年的变形检测数据，确认房屋是否处于持续倾斜或沉降的情况中。针对钢结构房屋常见的大跨度结构特点，应定期对跨度较大的水平构件的变形进行检测，确保构件变形处于规范限值内。有条件时，可对房屋角点及重要构件进行实时监测。

3）结构构件及其连接的缺陷、变形、损伤

对于常规钢结构房屋，需对结构构件及连接节点进行以下检查。

（1）杆件外观缺损及表面损坏检查：检查构件是否有断裂、锈蚀整体弯曲变形、局部凹凸变形、切口、烧伤等；

（2）焊缝外观缺损及表面损坏检查：钢结构构件节点连接焊缝是否有裂纹、咬边、表面夹渣，焊缝是否饱满、表面有无气泡和锈蚀程度，并应选择对结构安全影响大的部位或损伤代表性的部位进行详细检查；

（3）支座情况检查：对钢结构支座进行检查，检查支座是否有滑移变形、开裂现象，观察连接板是否有变形、弯曲、裂纹、锈蚀等缺损情况。

结合本次发生的事故而言，钢结构本身不耐腐蚀，连接点需要焊接，长期在高氯、高湿度的环境下，钢结构会加快焊点的腐蚀、磨损以及构件锈蚀，大大降低其使用寿命，不及时进行检查并对出现损伤的构件进行全面的维护，就会存在坍塌的隐患。

5. 常见钢结构损伤

钢结构常见损伤位置及处理建议如表 1.8-1 所示。

虽然以上损伤情况未在使用过程中直接造成像前文事故中出现的房屋倒

日常检查、检测鉴定过程中常见的钢结构房屋损伤　　　表1.8-1

损伤照片		
损伤描述	长期积水、防护不到位引起的构件锈蚀	管道渗漏引起的杆件及节点锈蚀
处理建议	应合理设置排水设施，对构件除锈后重做防护处理，若锈蚀已影响截面承载，需复核构件承载力	应对渗漏管道进行维修，对锈蚀部位除锈后，重做防护处理，若锈蚀已影响截面承载，应复核构件承载力
损伤照片		
损伤描述	涂层脱落导致的杆件锈蚀	楼面使用荷载较大引起的钢结构下方混凝土节点开裂
处理建议	除锈后，应对杆件重做防护处理	应在进行承载力复核后，对相关构件进行修缮及加固处理
损伤照片		
损伤描述	钢结构与主题结构连接节点破损	钢结构支座无防护，且锚栓螺母缺失
处理建议	应对连接节点进行加固、维修处理	建议对支座承载力进行复核，补充缺失的螺母，并进行除锈、防护处理

塌等严重危害，但已对房屋的安全使用造成了较大影响，若不尽快处理，不仅会影响房屋的正常使用寿命，甚至会因局部的损伤影响至整体安全性，导致安全事故。

6. 小结

当前，我国钢结构建筑的应用范围逐步扩大，在新技术应用方面得到迅猛发展，钢结构建筑的规模和跨度都越来越大，造型也越来越新颖独特。但是，钢材易腐蚀、耐火性差等特点是钢结构房屋安全使用的一大隐患。为保障既有建筑的安全性，秉承"早发现早治理"的原则，在使用、维护、管理过程中，房屋产权人及使用人每年应按照相关规范要求对房屋进行日常检查，发现隐患后，应根据实际情况进行专项检查。当发现房屋出现异常情况（如承重构件出现明显开裂、房屋倾斜或下沉等）时，应及时向有关单位反映情况，并采取有效措施。

为确保房屋安全使用，未经技术鉴定或设计许可，不得随意改变结构用途和使用环境，不得增加使用荷载。当有涉及使用荷载较大变化的改造、超设计年限、出现结构损伤等情况时，应按相关法规要求进行房屋安全鉴定。

房屋安全检测常用方法 2

2.1 无损检测——回弹法检测混凝土强度

　　回弹法是检测混凝土抗压强度最常用的无损检测方法之一，它以轻便快捷、对结构影响小、检测速度快的优点受到检测单位的青睐，也是施工单位快速检查混凝土强度发展的常用手段。以《回弹法检测混凝土抗压强度技术规程》（JGJ/T 23—2011）为基础，大部分地区均编写了符合当地实际情况的地方规程和对应的测强曲线。然而，在实际使用过程中，回弹检测结果的准确性一直饱受争议，有些地区甚至仅认可钻芯法检测的结果。整个回弹测强曲线都是在几千个可靠数据的基础上建立的，其准确性毋庸置疑。造成争议的情况是由许多因素引起的，一方面，大家对回弹的操作不够规范，对回弹仪的保养不够重视；另一方面，对回弹法检测的影响因素不够熟悉，不能够判断回弹的使用条件，同时不能对各类因素可能带来的影响有合理的认识。本节将对可能影响回弹检测结果的因素做系统的分析，为检测人员实际应用提供帮助。

1. 回弹法的基本原理

　　在一定的冲击能量下，弹击杆冲击混凝土表面，混凝土表面产生塑性变形消耗一部分功（混凝土强度越高，表面硬度越大，塑性变形越小），另一部分功通过混凝土的弹性变形传回给弹击杆，由动能转化为弹簧势能。弹击锤向后回弹的距离 L' 与弹击锤脱钩前的位置 L 之比的百分数即是传统意义上的回弹值。回弹法检测原理示意图见图 2.1-1。

　　常用的混凝土回弹仪分为 H225 轻型回弹仪和 H450 或 H550 重型回弹仪，前者用于普通混凝土检测，后者用于高强混凝土检测。试验发现，在轻型回弹仪弹击下，高强混凝土表面难以发生较大的塑性变形，各强度下的回弹值接近，难以进行区分。因此，高强混凝土需采用高能量回弹仪，使混凝土表面具有明显的塑性变形耗能。在使用过程中，应加以区分，不得混用。

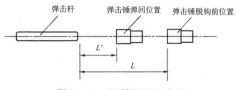

图2.1-1　回弹原理示意图

（摘自文恒武《回弹法检测混凝土抗压强度应用技术手册》）

2. 回弹仪对回弹值的影响

在整个弹击过程中，弹击能量主要由混凝土表面的塑性变形消耗，还有少部分能量被弹击锤和指针移动过程中的摩擦、弹击锤克服空气阻力、混凝土构件测震颤、弹击杆在混凝土表面的移动而消耗。在正常情况下，后者在能量消耗过程中占比较小，可以忽略不计。

对弹击时产生颤动的薄壁、小型构件，大部分弹击能量将消耗到构件震颤上，回弹值显著下降，在回弹检测中，应尽量避开该类构件。对于厚度较小的楼板回弹，应考虑到该部分降低因素。在弹击过程中，应在弹击杆接触混凝土表面后，缓慢施压，防止弹击过程中产生过大移动而造成能量消耗。

在长期使用回弹仪的过程中，弹击导杆和指针会累积较多灰尘，此时将无法忽视因摩擦消耗的能量。若回弹仪疏于保养，回弹值会有较大幅度的降低。因此，回弹仪弹击超过 2000 次（约 12 个构件）时，应进行一次保养。值得强调的是，不能单纯以回弹仪率定不合格作为是否保养的依据：钢砧的硬度较大，弹击返回的能量较大，摩擦的损耗占比反而较低，若因摩擦耗能导致率定值较低，实际回弹检测时，已经对结果产生了较大影响。

率定的主要作用如下：（1）检测回弹仪自身的加工精度；（2）检测回弹仪的稳定性；（3）检测回弹仪是否发生损耗；（4）检测冲击能量是否满足规范要求。从这点可以看出，率定值为常规检验回弹仪工作性能的基本数据，但仍然不能忽略常规保养，应保证回弹仪处于最佳工作状态。

3. 养护方法的影响

我国常用的混凝土养护方法主要有标准养护、自然养护以及蒸汽养护。混凝土在潮湿环境或水中养护时，由于水化作用较好，早期及后期强度比干燥条件下养护高，但表面由于被水软化其硬度反而降低。根据陕西省建筑科学研究院的相关研究，尽管蒸汽养护使混凝土早期强度增长过快，但表面硬度也随之增长，在排除混凝土表面硬度和碳化深度的影响后，蒸汽养护的回弹值与强度关系与自然养护基本一致。因此，相关规范规定，蒸汽养护出池经自然养护 7d 以上，且混凝土表面为干燥状态，规范仍然适用。从另一方面讲，蒸汽养护出池后 7d 内，检测时间越早，回弹值越有可能偏低。在实际检测中，应考虑该因素的影响。

4. 湿度的影响

潮湿状态导致混凝土表面含水率较大，混凝土表面硬度被软化，回弹值偏低。混凝土强度越低，潮湿状态对回弹值的削弱越大。笔者曾对某隧道 C25 混凝土衬砌进行比对试验，强度推定值小于 10MPa，而实际钻芯检测强度为 30MPa 左右。因此，对潮湿的地下室或隧道低强度等级构件，应谨慎使用回弹法检测，现场应能保证抽湿 7d 表面干燥状态下进行回弹检测。仅通过抽水或局部临时表面烘干，很难规避湿度对回弹值的影响。

5. 碳化的影响

自然养护下的混凝土构件，表面的氢氧化钙与空气中的二氧化碳作用，会形成硬度较高的碳酸钙，此过程为混凝土的碳化。碳化的表面混凝土硬度高于混凝土内部，从而导致回弹值偏高。《回弹法检测混凝土抗压强度技术规程》（JGJ/T 23—2011）将碳化深度作为考虑因素修正强度推定值。大量试验表明，碳化深度大于 6mm 后，回弹能量的大小不会再显著增加，因此统一按照 6mm 修正。

值得注意是，在碳化检测过程中，容易出现假性碳化的情况，严重影响混凝土的检测精度。当使用了酸性隔离剂（如机油），或混凝土未很好得到养护，水泥未充分水化时，均会导致混凝土表面缺少氢氧化钙而不呈碱性。此时，利用酚酞试剂检测碳化深度，就会产生很大误差。

6. 龄期的影响因素

《回弹法检测混凝土抗压强度技术规程》（JGJ/T 23—2011）中规定：规范的测强曲线的适用范围为 14~1000d，超过龄期范围的构件之所以无法直接使用，是因为超过了建立测强曲线所用混凝土试块的实际涵盖龄期。该规范同时给出了解决该问题的准确方法，即进行钻芯修正。

《民用建筑可靠性鉴定标准》（GB 50292—2015）附录 K 同样给出了老龄混凝土回弹龄期的修正方法。考虑到混凝土的老化，对不同龄期的混凝土强度值乘以小于 1 的修正系数，见图 2.1–2。部分项目对比表明，该方法检测结果偏于保守，考虑到老龄期混凝土耐久性明显降低，适当的保守验算有利于建筑的长期使用。

7. 非水平方向回弹问题

《回弹法检测混凝土抗压强度技术规程》（JGJ/T 23—2011）中的条文仅可对非泵送混凝土可进行角度修正。相关文献认为：泵送混凝土流动性大，浇筑后会形成底部骨料多，上部水泥浆多的形态，因而侧面回弹较为合理。然而，随着泵送技术和外加剂的不断发展，并且有严格的离析指标的控制，当下已经很难发生上述情况。在广东省标准《回弹法检测泵送混

龄期 /d	1000	2000	4000	6000	8000	10000	15000	20000	30000
修正系数 a_n	1.00	0.98	0.96	0.94	0.93	0.92	0.89	0.86	0.82

图2.1–2 《民用建筑可靠性鉴定标准》（GB 50292—2015）附录K关于回弹龄期修正系数

凝土抗压技术规程》（DBJ/T 15—211—2021）的编制过程中，主编单位经过大量试验论证得出，泵送混凝土也同样适用于角度修正，这在规范中也有体现。

因此，楼板构件的混凝土强度同样可通过竖向回弹修正进行检测。值得注意的是，广东省同样取消了浇筑面的修正系数。这是考虑到当下泵送混凝土的质量，侧面状况和底面状况并无较大差别，可不进行修正。同时，混凝土表面粗糙不平，很难进行回弹；对既有建筑而言，楼板表面的找平装修也使得浇筑面回弹难以实现。

8. 回弹检测在既有建筑鉴定中应用的注意事项

老龄建筑混凝土强度检测优先采用钻芯法，在无法大量钻芯的情况下，建议采用回弹钻芯修正法。在完全无法钻芯的情况下，应使用《民用建筑可靠性鉴定标准》（GB 50292—2015）附录 K 中的折减系数。

既有建筑往往表面批荡抹灰，现场需要打磨至混凝土表面。普通的打磨方法无法保证混凝土表面良好，总会存在较多的坑洞。想规整地在每个测区内布置 16 个测点几乎不太可能，在不违背规范对测点距离要求的情况下，可以适当让测区内测点无序排列。布置测点时，应回避混凝土坑洞、起伏不平或污渍。同时，应当注意，如果在打磨后没有清理表面灰尘，回弹值会整体偏低，影响检测结果。

9. 总结

作为最常用的无损检测法之一，回弹法有着无可比拟的优势。但是，回弹法又是建立在测强曲线基础上的间接方法，使得许多检测人员无法更深刻体会回弹检测的本质，从而造成大量的误解。在回弹检测不准确的情况下，检测人员总是把原因归结于方法本身。检测人员应不断积累回弹现场经验，总结回弹影响因素。

2.2 常用混凝土强度检测技术比较

混凝土结构在长期的自然环境和使用环境的双重作用下，其性能逐渐退化，这是不可逆转的客观规律。如果能够科学地评估混凝土结构损伤的规律和程度，及时采取有效处理措施，可以延缓结构损伤的进程，达到延长结构使用寿命的目的。混凝土强度的衰减对结构承载能力影响深远。因此，对混凝土强度进行检测是必要的，也是必须的。

结构的检测技术和可靠性评估方法已逐渐成为工程界关注的热点问题，其中，既有建筑混凝土强度的检测和评定是必不可少的环节之一，能够掌握建筑当下的混凝土可靠强度值，有利于鉴定建筑物结构的使用安全，且评定混凝土强度可为后续建筑物改造、加固打下坚实基础，本节针对混凝土强度检测的方法进行了一定的分析总结。

1. 混凝土强度检测的方法

既有建筑混凝土的检测方法主要有钻芯法、回弹法、超声波法等，下面分别阐述列出的三种方法各自的优缺点。

（1）钻芯法检测混凝土抗压强度，现场检测操作示意见图 2.2-1。

钻芯法是一种直接可靠并能较好地反映混凝土实际情况的局部微破损检测方法。用钻芯机在混凝土结构构件上截取直径为 100mm（宜取 100mm 或不小于 70mm），高径比宜为 1 的混凝土样品，拿到试验室进行检测，能够直观、准确地反映混凝土构件的真实情况。

但该方法的不足之处在于它会对混凝土结构构件造成一定程度的损伤，需要后期进行修补处理；周期长、后期工作量大。混凝土样品取回后，需要进行加工处理，加工工序要求严格，处理时间较长；费用要偏高一些；由于要避免破坏混凝土构件重要部位，取样有一定的局限性，混凝土构件不同部位的强度有一定的偏差。而且，构件钢筋间距小、饰面层装饰材料较厚等因素都会对取样造成一定困难。

（2）回弹法检测混凝土抗压强度，现场检测操作示意见图2.2-2。

图2.2-1　钻芯法检测混凝土抗压强度　图2.2-2　回弹法检测混凝土抗压强度

回弹法是以混凝土结构构件回弹值和表面碳化值推定混凝土现龄期抗压强度的一种方法。在各种混凝土强度检测方法中，回弹法简单、方便，无需破坏混凝土结构。其缺点也很明显：精度不足，人为的主观因素较强，同时不能反映混凝土结构内部的真实强度。比如，结构表面涂刷混凝土增强剂后，用回弹法就无法得出真实数据。本方法广泛应用于新浇筑建筑检测，可以快速判断混凝土的浇筑质量。

图2.2-3　超声法检测混凝土抗压强度

（3）超声法检测混凝土抗压强度，现场检测操作示意见图2.2-3。

用超声波检测仪检测混凝土结构强度，既可用于检测混凝土强度，也可用于检测混凝土缺陷。超声波检测仪能对混凝土内部空洞、不密实区的范围、裂缝情况、损伤层厚度、不同时间浇筑的混凝土结合的质量和混凝土匀质性做出比较准确的判定。

上述几种方法各有优缺点，如果只采用某种方法，并不能完全真实地检测既有建筑混凝土的实际情况，一般会采用多种方法进行综合评定，例如把钻芯法和回弹法结合使用，超声 – 回弹综合法等。由于混凝土的强度和匀质性共同反映了混凝土的质量，因此把回弹法和钻芯法结合使用时，一方面可以先利用回弹法对工程结构无损检测的特点，对构件大量测试以测定其匀质性；另一方面可以利用钻芯法测定混凝土强度精度高的优点，推定结构混凝土的强度。从而使两种方法有机结合起来，取长补短，达到提高检测准确性和可靠性的目的。

2. 混凝土强度检测工程应用实例

下面结合一个工程实例中的实测值，浅谈钻芯法和回弹法同时使用来确定同一构件强度的情况。该项目位于广州市，始建于 2015 年，为框架 – 剪力墙结构，检测其中的梁柱构件时，用钻芯法随机抽检 70 个混凝土柱构件（原设计强度不同楼层由下至上分别为 C40、C35、C30），63 个混凝土梁构件（原设计强度为 C30）。对混凝土柱检测时，分别采用了钻芯法和回弹法两种方法进行，表 2.2–1 为同一个构件不同方法所得的检测值。

从表 2.2–1 不难看出，回弹法推定值的结果与原设计值差异较大，而钻芯法实测值较为接近设计值。用回弹法测强推定值精度不足主要是由于混凝土构件表层与内部质量存在不同程度差异，且表层低于内部质量造成的。

当用回弹法测强的推定值小于设计值时，则应采取在构件上钻芯修正或采用钻芯法测强，获取与真值较接近的推定值，采用回弹钻芯修正法检测混凝土抗压强度时，为了提高混凝土的检测精度，芯样的试件数量和取芯位置

钻芯法和回弹法检测对比表（原设计值为C40）　　　表2.2-1

构件名称	回弹法测值			钻芯法实测值（芯样直径为70mm）		
1	平均值	标准差	推定值	受压面积（mm²）	破坏荷载（kN）	实测值
	36.6	1.70	33.8	4359.0	148.6	34.1
2	平均值	标准差	推定值	受压面积（mm²）	破坏荷载（kN）	实测值
	36.7	1.89	33.6	4417.7	168.7	38.2
3	平均值	标准差	推定值	受压面积（mm²）	破坏荷载（kN）	实测值
	37.1	2.53	32.9	4359.0	183.3	42.0
4	平均值	标准差	推定值	受压面积（mm²）	破坏荷载（kN）	实测值
	36.7	2.54	32.5	4359.0	171.0	39.2
5	平均值	标准差	推定值	受压面积（mm²）	破坏荷载（kN）	实测值
	37.6	2.48	33.5	4417.7	166.9	37.8

应按《混凝土结构现场检测技术标准》（GB/T 50784—2013）附录C规定，对于直径100mm的芯样，芯样数量尚不应少于6个；对于小直径芯样，芯样数量尚不应少于9个；取芯位置均应在回弹测区内。该规范中规定：钻芯修正可采用总体修正量、对应样本修正量、对应样本修正系数、一一对应修正系数四种修正方法，并宜优先采用总体修正量方法；四种修正方法根据公式类型可归纳为两种形式，即修正量和修正系数。详细修正计算方法可查阅相关规范。

钻芯修正回弹法减少了钻芯法工作量大、对结构损伤等缺点造成的影响，弥补了单一回弹法检测精度的不足，提高了检测效率，增加了检测数据的可信度，可用于结构的鉴定、加固、验收判定和事故处理等。

3. 结语

本节对目前几种常见的混凝土强度检测技术展开了分析，在进行检测工作时，究竟选择哪种方法，应按照被检测混凝土结构的实际情况以及当时的检测条件来决定。如果需要对混凝土强度进行更加准确的判定，可以优先采取钻芯法；如果混凝土质量相对稳定，则可以选用回弹法或超声波回弹法，然后通过钻芯法再次对检测结果进行修正，这样能够提升上述两种检测方法的准确度。简而言之，在实际的检测工作中，还是要从检测条件以及当时的实际情况出发来选择检测方法，这样才能够有效地规避各种风险因素，从而让混凝土强度检测结果更加可靠。

2.3 健康监测——为房屋安全保驾护航

房屋检测除回弹法、抽芯法等常规的材料特性检测方法外，利用传感器对现场某些指标进行持续性监测，也能反映房屋的健康状况。结构健康监测（SHM）是指利用现场的无损传感技术，通过对结构特性进行分析，达到检测结构损伤或退化的目的。结构健康监测通过一系列传感器获取结构定时取样的响应测量值，并选取对损伤敏感的特征因子进行统计分析，从而对结构当前的状态进行评估。结构健康监测对于确保结构安全和运维管理具有重要意义，是土木工程领域研究的前沿方向。

1. 结构监测系统组成

结构健康监测系统是集结构监测、系统辨识和状态评估于一体的综合监测系统，主要由传感系统、数据采集系统、数据处理和控制系统组成，如图 2.3-1 所示。

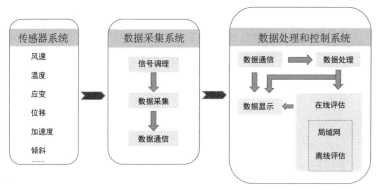

图2.3-1　结构健康监测系统简图

2. 运营监测

工程结构在服役期间，难免产生损伤积累和抗力衰减，承载能力降低，甚至不足以满足设计承载要求，这可能引发灾难性的突发事故。

为了保证结构在使用期间的可靠性，有必要对结构进行健康监测，实时掌握结构的当前工作状态，并作出准确的安全性预判。对结构进行运营期间的健康监测，可以及时有效地对结构进行加固维护，能够保障结构的安全性，延长使用寿命，大大提高经济效益。

1）监测内容

结构健康监测主要对结构响应（加速度、应变、位移等）、环境荷载（风、温度等）和重点病害进行监测。

（1）加速度：采用加速度传感器进行结构振动监测。结构发生过振，轻则影响结构内活动人员的舒适度，重则导致结构发生破坏，甚至垮塌。2021年5月18日深圳赛格大厦发生摇晃就是一个典型的结构振动现象，如图2.3-2所示。

（2）位移：结构在运营期间有可能发生较大的变形、沉降或倾斜，一般采用GPS系统、全站仪、电子水准仪进行位移监测，如图2.3-3、图2.3-4所示。

（a）加速度传感器　　　　　　　　　　（b）赛格大厦振动

图2.3-2　传感器与结构振动

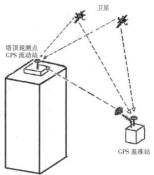

（a）GPS 流动站　　　　（b）GPS 基准站　　　　（c）GPS 基本原理图

图2.3-3　GPS位移监测仪器及原理

（a）全站仪　　　　　　　　　　（b）电子水准仪

图2.3-4　其他常用位移监测仪器

（3）应力应变：结构关键部位的受力变形需要重点监测，一般采用振弦式应变计或光纤光栅传感器测量，如图2.3-5所示。

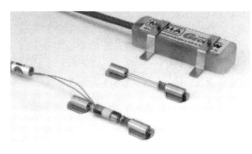 

（a）振弦应变计形式　　　　　　　（b）光纤光栅应力应变传感器

图2.3-5　应力应变传感器

图2.3-6　风速传感器

（4）风速风向：高层建筑结构受风荷载影响较大，一般采用超声风速仪、杯式子风速仪、风压传感器测量风速风向等将其转化为荷载形式，以判断结构的抗风能力，如图2.3-6所示。

2）基于物联网的建筑物健康监测系统

基于物联网，建立建筑物健康监测系统，可以使系统更加智能、便捷，可通过系统网页或者手机APP一键浏览建筑结构的健康现状以及历史变化。

平台可通过曲线图、表格、三维模型结合、生成报表、报告等多种方式对监测数据进行展示，为建筑物的突发事件的预测、预警工作提供决策依据。

（1）指标曲线：平台可以对采集的监测数据进行自动解算，并自动生成曲线图，便于相关人员更清晰、直观地观测到建筑物各监测指标的变化趋势。例如，图2.3-7展示了建筑物倾斜监测曲线。

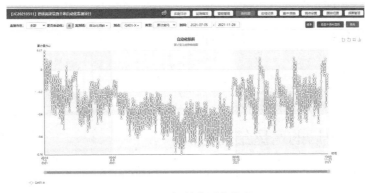

图2.3-7　倾斜监测曲线图

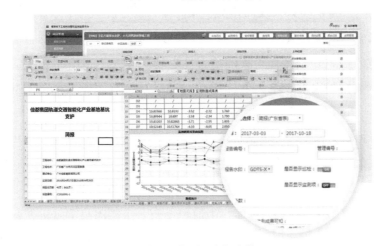

图2.3-8　监测平台报告管理

（2）报告管理：平台可自动把已上传的监测数据、巡检记录等项目信息生成报告，及时发出预警，减少人工的出错率，同步提升工作效率，降低人工成本（图2.3-8）。

3. 结语

采用结构健康监测技术，能实时掌握结构的状态，从而保障结构的安全和人民生命财产安全。随着科学技术的不断提高，结构健康监测也相应地引入和融合新的科技成果和科学思想，朝着智能化、网络化和系统化的方向发展。结构健康监测将会得到更广泛的应用。

2.4 火灾后的房屋结构检测

在各种灾害中，火灾是最频发、最普遍的威胁公众安全和社会发展的主要灾害之一。随着社会的不断发展，在社会财富日益增多的同时，导致火灾发生的危险源也在增多，火灾的危害性也越来越大。2020 年全年，全国消防救援队共接报火灾 25.2 万起，死亡 1183 人，受伤 775 人，直接财产损失 40.09 亿元。

对于建筑来说，因火灾造成坍塌，会产生极大的安全问题。结构安全是确保建筑能正常使用的前提，虽然建筑火灾坍塌事故发生的频率不是很高，但是一旦发生，将会导致人民财产和人身安全蒙受巨大损失。其中，最为世人熟知的就是美国 "9·11 事件" 中纽约世贸双子塔因恐袭飞机燃油燃烧而导致的倒塌，不仅直接造成了几千人死亡和巨额的财产损失，还严重冲击了美国经济，也对世界经济和安全造成了极坏的影响。

那么，当建筑物遭遇火灾之后，到底还安不安全，能不能住人，会不会坍塌，这就需要结构工程师进行具体分析。

下面举例介绍建筑物火灾后的检测鉴定。

1. 项目概况

某厂房为四层钢筋混凝土框架结构，主体结构采用钢筋混凝土梁、板、柱承重，建筑面积约 8000m^2。

（a）承重结构火灾后情况

（b）火灾后混凝土柱损伤情况

（c）火灾后混凝土梁损伤情况

（d）火灾后混凝土板损伤情况

图2.4-1 火灾后结构损伤情况

火灾发生时间为下午2时左右，由于二层堆放着有机塑料等易燃材料，工人在操作过程中不小心引燃了部分材料，燃烧过程非常快速并迅速蔓延，且燃烧后难以扑灭，导致火灾进一步扩大。火灾持续时间约为5h，从现场情况可见（图2.4-1），二层放置材料及电照等设施已全部烧毁、熔化、板结，大部分钢筋混凝土柱、梁、板构件已被烧至混凝土爆裂、脱落，钢筋严重外露，部分板构件被烧穿，仅剩板面水磨石装饰层。

2. 现场检查检测结果

根据《火灾后工程结构鉴定标准》（T/CECS 252—2019）附录表 A-1，"混凝土表面颜色浅黄，酥松大面积爆裂剥落，混凝土有贯穿裂缝，锤击反应声音发哑、混凝土严重脱落"，判断火灾区域火灾温度大于800℃。

混凝土柱构件初步鉴定评级为Ⅲ级。

第二层柱构件混凝土表面颜色浅黄，酥松大面积爆裂剥落，混凝土有贯穿裂缝，锤击反应声音发哑、混凝土严重脱落。竖向钢筋及箍筋稍有锈蚀，受力钢筋粘结性能完全丧失，有效截面严重削弱，其破坏严重，难以加固修复，需要拆除或更换。

混凝土梁构件初步鉴定评级为Ⅳ级。

第三结构层绝大部分梁构件混凝土表面颜色浅黄，酥松大面积爆裂剥落，锤击反应声音发哑，混凝土严重脱落。纵向钢筋及箍筋稍有锈蚀，受力钢筋粘结性能完全丧失，有效截面严重削弱，其破坏严重，难以加固修复，需要拆除或更换。

混凝土板构件初步鉴定评级为Ⅳ级。

第三结构层绝大部分的板构件混凝土表面颜色浅黄，酥松大面积爆裂剥落，锤击反应声音发哑、混凝土严重脱落。钢筋稍有锈蚀，受力钢筋粘结性能完全丧失，有效截面严重削弱，其中部分板构件已烧穿，其破坏严重，难以加固修复，需要拆除或更换。

现场对各类柱、梁构件进行剔凿抹灰层后量取截面尺寸，并经核对，受灾区域柱剩余截面百分比为76%~96%，梁剩余截面百分比为86%~97%，具体情况见表2.4-1。

采用钻芯法抽检该房屋第二、三层部分柱构件的混凝土抗压强度，结果显示第二层受灾区柱的混凝土抗压强度普遍低于第三层非受灾区柱的混凝土抗压强度，检测结果见表2.4-2。

采用钻芯法抽检该房屋第二、三层部分梁构件的混凝土抗压强度，结果显示第三层受灾区梁混凝土抗压强度普遍低于第二层非受灾区梁的混凝土抗压强度，检测结果见表2.4-3。

部分构件火灾后剩余截面情况结构层   表2.4-1

	检测位置	设计尺寸（mm）	剩余截面（见图）	剩余截面百分比
二层	10×C柱	500×600		76%
三层	(5～6)×C轴梁	250×600		86%

柱构件混凝土强度钻芯法检测结果   表2.4-2

编号	轴线位置	设计强度（MPa）	实测强度（MPa）	是否满足原设计要求	受灾情况
Z2-1	二层2×C轴柱	25.0	36.8	满足	次受灾区
Z2-2	二层2×B轴柱	25.0	30.1	满足	次受灾区
Z2-3	二层5×B轴柱	25.0	25.1	满足	受灾区
Z2-4	二层5×C轴柱	25.0	33.5	满足	受灾区
Z2-5	二层4×B轴柱	25.0	30.5	满足	受灾区
Z2-6	二层4×C轴柱	25.0	22.5	稍不满足	受灾区
Z3-1	三层6×B轴柱	25.0	41.9	满足	次受灾区
Z3-2	三层6×D轴柱	25.0	41.2	满足	次受灾区
Z3-3	三层3×A轴柱	25.0	43.0	满足	次受灾区

梁构件混凝土强度钻芯法检测结果　　　　表2.4-3

编号	结构层轴线位置	设计强度（MPa）	实测强度（MPa）	是否满足原设计要求	受灾情况
L2-1	二层 4×（A～B）轴梁	25.0	32.3	满足	次受灾区
L2-2	二层 6×（A～B）轴梁	25.0	35.4	满足	次受灾区
L2-3	二层 3×（C～D）轴梁	25.0	30.6	满足	次受灾区
L3-1	三层 5×（B～C）轴梁	25.0	25.8	满足	受灾区
L3-2	三层 5×（C～D）轴梁	25.0	26.3	满足	受灾区
L3-3	三层 4×（B～C）轴梁	25.0	27.4	满足	受灾区
L3-4	三层 3×（A～B）轴梁	25.0	29.9	满足	受灾区
L3-5	三层 2×（C～D）轴梁	25.0	27.6	满足	次受灾区
L3-6	三层 6×（B～C）轴梁	25.0	26.7	满足	受灾区

混凝土构件中的钢筋距离构件表面距离较小，火灾后的构件钢筋剩余强度与构件表面灼着温度直接相关。该楼损伤状态分别评为Ⅱb级、Ⅲ级的柱、梁构件表面灼着温度范围在 300~800℃之间，参照鉴定标准，依构件表面灼着温度对受损部位钢筋强度折减系数取 0.85~0.95。

3. 鉴定结果

根据现场检测结构构件的实测数据，对损伤状态评为Ⅲ级、Ⅱb级的重要结构构件进行承载力验算，验算结果表明，共 18 根柱构件、16 根梁构件的承载能力不满足结构安全性要求，评为 c 级构件。

根据《工业建筑可靠性鉴定标准》GB 50144—2019，该房屋第二层鉴定单元的可靠性等级评定为四级，即该房屋的可靠性严重不符合国家现行标准规范要求，不能正常使用，必须立即采取相应措施。

4. 后续处理建议

（1）对鉴定评级为Ⅳ级的混凝土构件，作拆除更换处理。

（2）对评为 c 级的柱、梁构件，采用加大截面法进行加固处理。

（3）对 II b 级、III 级的柱、梁构件，可凿除原构件混凝土损伤层，采用高一强度等级的自密实混凝土置换，置换混凝土需要做好新、旧混凝土结合面的处理，保证新、旧结合面可统一受力，从而提升结构稳定性。

（4）对评为 III 级的混凝土板构件，可凿除原构件混凝土损伤层，采用高一强度等级的自密实混凝土置换，并适当粘贴碳纤维布进行补强。

5. 小结

建筑结构在发生火灾后，房屋自身的主要结构构件会受到不同程度的损伤。例如，房屋结构梁、柱与楼板在火灾时受损后，框架结构房屋的混凝土强度会削弱，钢筋受损；钢结构房屋的钢结构梁与柱会变形、弯曲等，将严重影响房屋的安全使用。

发生火灾后，应及时由具有房屋检测资质的第三方检测单位对房屋进行安全检测，找出房屋因火灾后存在的安全隐患，出具灾后房屋鉴定报告。应由正规设计院完成结构加固设计图，然后对房屋进行必要的加固，确保房屋的安全使用。

2.5 老旧房屋改造前的地基基础检测

地基基础作为建筑的重要组成部位，支撑着房屋的上部结构，关乎着整栋房屋的使用安全。因此，地基基础是房屋安全检测鉴定中重要的一环，我们应该更加严谨科学地进行检测鉴定。

改造既有建筑时，常常会由于加层、扩建、使用功能变更等情况导致竖向荷载增加，进而需要进行检测鉴定。除此之外，当出现以下情况时，一般也需要对地基基础进行检测鉴定：

（1）房屋基本资料无法搜集齐全时；

（2）房屋基本资料与现场实际情况不符时；

（3）使用条件与设计条件不符时；

（4）现有资料不能满足既有建筑地基基础加固设计和施工要求时。

目前改造的多层老旧房屋多采用浅基础，本节重点介绍浅基础的检测事宜。

1. 检测内容和方法

对于浅基础，常用的检测内容、方法见表2.5-1。

浅基础常用的检测内容及方法　　　　　　表2.5-1

	检测内容	检测方法
基础	基础形式、埋置深度、损坏情况及外观质量等	原位开挖
	基础混凝土强度	回弹法、钻芯法
	基础钢筋配置	钢筋探测＋局部开凿
地基	天然土地基、处理土地基、复合地基的承载力与变形参数	平板载荷试验
	天然土地基、处理土地基的承载力	标准贯入试验、圆锥动力触探试验、静力触探试验
	天然土地基的岩土性状	标准贯入试验、圆锥动力触探试验、静力触探试验、十字板剪切试验

主要依据规范：

《岩土工程勘察规范》（GB 50021—2001）（2009年版）

《建筑地基基础检测规范》（DBJ/T 15—60—2019）（广东省标准）

《既有建筑地基基础加固技术规范》（JGJ 123—2012）

2.检测方法说明

1）基础检测

（1）基础形式检测：对于既有建筑，因受现场条件限制，大型机械设备难以进入，通常采用人工开挖的方式检测确定基础形式。人工开挖检测基础过程见图2.5-1。

（a）基础开挖过程　　　　（b）基础开挖完成面　　　　（c）基础尺寸测量

图2.5-1　人工开挖检测基础形式

（2）基础混凝土强度及钢筋配置检测：人工开挖基础后，可采用钻芯法、回弹法检测混凝土强度；可采用无损扫描结合原位开凿法确定钢筋配置情况。现场检测操作示意见图 2.5-2。

2）地基承载力检测——平板载荷试验

平板载荷试验是指通过对天然地基、处理土地基、复合地基的表面逐级施加竖向压力，测量其沉降随时间的变化，以确定其承载能力与变形参数。对天然地基与处理土地基的检测也称为浅层平板载荷试验。本方法不对地基土产生扰动，是确定地基承载力最可靠、最具代表性的方法。

抽检数量为每 500m² 不应少于 1 个点，且不得少于 3 点；对于复杂场地或重要建筑地基，应增加抽检数量。

（a）用回弹法检测基础混凝土强度　　　（b）基础钢筋配置检测

图2.5-2　基础混凝土强度及钢筋配置检测

平板载荷试验现场检测示意见图 2.5-3，工作原理见图 2.5-4。

3）天然土地基与处理土地基的岩土性状检测

圆锥动力触探试验是用一定质量的重锤，以一定高度的自由落距，将标准规格的圆锥形探头贯入土中，根据打入土中一定距离所需的锤击数来判定土的力学特性。

轻型动力触探试验可用于推定换填地基、黏性土、粉土、粉砂、细砂及处理土地基的地基土承载力，鉴别地基土性状，评价地基处理效果；重型动

图2.5-3　现场平板载荷试验

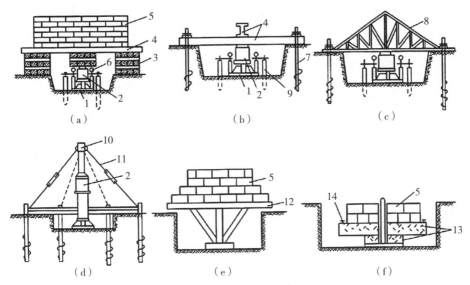

图2.5-4　常用的平板载荷试验与加载方式
（图中：（a）~（d）为千斤顶加载方式，（e）和（f）为重物加载方式）
1—承压板；2—千斤顶；3—木踩；4—钢梁；5—钢锭；6—百分表；7—地锚；8—桁架；
9—立柱；10—分力帽；11—拉杆；12—载荷台；13—混凝土；14—测点

力触探试验可用于推定黏性土、粉土、砂土、中密以下的碎石土、处理土地基以及极软岩的地基土承载力，鉴别地基土岩土性状，评价处理土地基的施工效果。

动力触探试验现场检测示意见图 2.5-5。

图2.5-5　现场触探试验

3. 小结

万丈高楼平地起，打好基础才是鉴定房屋安全的前提。为保证地基基础质量检测的规范性、准确性和公正性，广州市住房和城乡建设局于 2020 年 2

月 28 日，根据国家、行业、省的相关技术规范、标准，结合广州市实际情况，制定了《地基基础工程质量检测技术指引》，为房屋检测鉴定行业的从业人员提供了切实可行的操作指导。

在既有建筑改造过程中，当涉及图纸资料缺失、增加使用荷载等情况时，应对地基基础进行检测评估，确认地基基础的安全性。

2.6 新建自建房楼板开裂原因分析

顺德某业主联系笔者，称他新建的房子采用了空心楼盖的结构形式，现在还没入住，多处楼板就出现开裂、渗漏的情况，目前房子的安全问题成为困扰全家的一大难题，楼板的损伤照片见图 2.6-1。

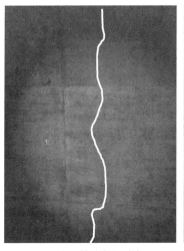 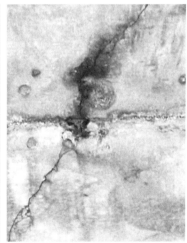

（a）空心楼盖底部裂缝　　　　　（b）空心楼盖开裂处渗漏

图2.6-1　现状楼板的损伤照片

1. 项目概况

该建筑位于佛山市顺德区，建设于 2019 年，为地上 4 层，无地下室，建筑高度约 13.9m。楼面框架梁均为暗梁，结构形式为板柱结构。除出屋面部分外，现主体结构已建设完成，内、外隔墙基本砌筑完成。

本建筑采用现浇混凝土空心楼盖，空心楼盖总高度为 320mm，上、下翼缘高度均为 75mm，内置 170mm 高箱形轻质铝箔填充体（主要尺寸为 750mm × 750mm，边缘处采用 750mm × 500mm 及 500mm × 500mm 的尺寸），空心楼盖填充体情况见图 2.6-2。现房屋空心楼盖出现多处开裂、渗漏现象，本次鉴定范围为全楼空心楼盖。

图2.6-2 空心楼盖内置的箱形轻质铝箔填充体

2. 空心楼盖开裂情况

以三层楼盖为例，现场裂缝检测结果如表 2.6-1 及图 2.6-3 所示。

3. 技术分析

1）计算结果

根据现场实测的混凝土强度、钢筋配置等，本次采用盈建科软件对房屋进行建模及计算分析，计算模型简图见图 2.6-4。楼面属于双向布置填充体的现浇混凝土空心楼盖，计算时，选取两相邻填充体中心线之间的范围作为一个计算单元，结合内置填充体，计算单元将空心板密肋及上、下皮楼板简化为 I 形截面进行计算。承载力结果显示，板底承载力均不满足要求。

裂缝宽度现场检测情况   表2.6-1

1号	裂缝宽度	0.40~0.50mm		
	实测照片			
2号	裂缝宽度	0.20~0.30mm		
	实测照片			
3号	裂缝宽度	0.10~0.20mm		
	实测照片			
4号	裂缝宽度	0.10~0.20mm		
	实测照片			

2）关于空心楼盖裂缝的情况分析

（1）现场出现裂缝的构件主要为空心楼盖底部，按构件实际尺寸及实际配筋对空心楼盖承载力进行复核，现场出现的板底裂缝走向与承载力不足引起的开裂结果基本吻合。

对空心楼盖承载力造成较大影响的原因主要有以下几点：

空心楼盖施工采用的钢筋型号为HPB300，而非图纸要求的HRB400；

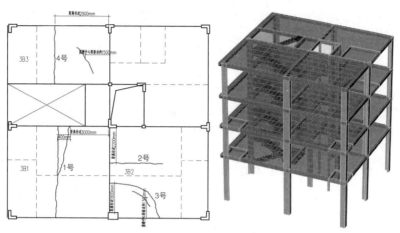

图2.6-3 三层空心楼盖板底裂缝定位示意图（虚线表示隔墙位置）　图2.6-4 计算模型简图

空心楼盖钢筋实际布置间距为200mm，图纸设计为100mm；

房屋全部结构梁高均减少至320mm，变为暗梁，与图纸原设计的框架梁尺寸不符；

框架柱实际施工尺寸与图纸不符，且图纸暂无关于空心楼盖实心区的详细说明或大样，现场施工存在无图施工的状态，对结构柱与空心楼盖的冲切承载力造成较大影响。

（2）部分从柱边往外延伸的裂缝，可能是由施工过程中混凝土振捣不密实及养护不当引起的。

4. 小结

本次鉴定中，通过对全楼空心楼盖出现的裂缝进行检测记录，完成了对楼板受力性能的检测鉴定。现场检查发现的空心楼盖板底裂缝的走向与楼板受弯承载力不足引起的开裂结果基本吻合，对于承载力不满足的空心楼盖，可采用粘贴钢板或粘贴纤维复合材等方法进行加固。对于已发现开裂的构件，应对其进行裂缝修补及加固后使用。

此外，无梁楼盖的板柱节点抗冲切能力弱，呈脆性破坏形式，如突发破坏，则难以预警，属于关键性结构构件。对该结构进行加固设计时，应重点关注冲切承载力复核工作。

2.7 农村自建房建筑群鉴定方法

随着中共十九大报告中提出乡村振兴战略，美丽乡村建设已经成为当今社会最热门的话题之一。美丽乡村是指经济、政治、文化、社会和生态文明协调发展，规划科学、生产发展、生活宽裕、乡风文明、村容整洁、管理民主，宜居、宜业的可持续发展乡村。

如何进行美丽乡村建设呢？第一步就是要把乡村的居住环境建设好，乡村多数的建筑类型均为砖木＋瓦屋面结构，该类型结构整体性较差，承重体系多数为砖墙承重，由于使用时间长和缺乏必要的维修，多数房屋都已经破败不堪，有些甚至成为危房，但是这些房屋都具有一定的历史价值，见证着乡村的历史发展，很有保留的必要。本节介绍广州市某乡村房屋的检测鉴定过程。

1. 项目概况

本项目位于广州市花都区某村，房屋类型多数为砖木结构，层数在1~2层，建筑年代较为久远，采用瓦屋面，现状为空置。

该项目房屋已经统一规划为乡村民宿使用，后续计划保留房屋原有外观，对房屋进行内部改造，为满足后续的改造设计施工要求，且为改造提供数据支持，需对本项目建筑物群进行可靠性鉴定。

2. 现场检测内容

该建筑物原始结构图纸缺失，而且委托方要求不改变房屋外观现状，针对此要求，由于现场承重构件主要为墙体，本次重点对墙体进行检查、检测。针对本项目的主要检测项目包括地基基础勘查、结构基本情况勘查、构件尺寸及性能检测、损伤检查、墙体材料强度检测、钢筋配置检测等。

（1）部分现场检查、检测情况见图 2.7–1。

（a）钢筋直径测量　　　　　　　（b）混凝土回弹

（c）砖回弹　　　　　　　　　　（d）砂浆贯入

（e）墙体竖向开裂　　　　　　　（f）墙体斜向开裂

图2.7-1　现场检查、检测情况

（2）经现场检测，混凝土梁、板构件碳化深度平均值为 80~100mm，混凝土梁、板构件抽检位置实测钢筋保护层厚度在 15~18mm，开凿后，发现钢筋出现锈蚀情况。构件碳化深度超过保护层厚度。

（3）经现场检测，混凝土楼板龄期修正后的推定值为 C25；抽检的砖墙中砖抗压强度平均值为 11.1MPa，最小值为 10.1MPa；砌筑砂浆强度推定值为 M1.6。

3. 计算分析

下面以其中一栋建筑为例简要阐述计算分析过程。根据建筑结构实测参数进行建模计算，其中基本风压取 0.5kN/m²，地面粗糙度为 B 类，材料强度根据现场实测结果进行取值计算；混凝土结构梁、板自重由软件自动计算，楼、屋面荷载、隔墙恒载等根据现场实际情况调查取值。

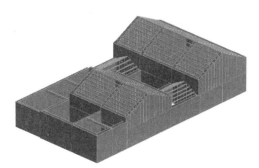

计算结果显示：该建筑物结构板承载能力满足要求，但结构梁承载能力不满足要求。建立的计算模型简图见图 2.7–2。

图2.7-2 房屋结构计算模型

4. 鉴定结论

由于该房屋的原始结构设计图纸缺失，现状下房屋大部分承重墙体存在开裂、分离裂缝，构造严重不满足规范要求，针对本次鉴定、检查、检测到的各类数据综合判断，该房屋结构的可靠性鉴定等级为Ⅳ级。

5. 小结

由于该房屋具有一定的历史价值，需要保留原有的外观现状，本次选择的有损检测面均在房屋室内，室外均采用无损检测，将无损与有损两种检测方法相结合，很好地保护了建筑物的外观状态。

2.8 建筑抗震鉴定"后续使用年限"的确定

汶川大地震后暴露出现有建筑存在抗震问题，直接促成了国家标准的修订。2009 年 7 月 1 日开始实施的《建筑抗震鉴定标准》（GB 50023—2009）（以下称为《标准》），为既有建筑的抗震"体检"提供了依据和方法支撑。地震灾害对房屋造成的破坏是难以承受的，如图 2.8-1 所示。

与《建筑抗震鉴定标准》（GB 50023—1995）相比，《标准》最大的突破是首次提出了现有建筑的"后续使用年限"概念，并划分为 30 年、40 年、50 年三个档次。

图2.8-1　汶川大地震后房屋破坏情况

（1）在 20 世纪 70 年代及以前建造经耐久性鉴定可继续使用的现有建筑，其后续使用年限不应少于 30 年；在 20 世纪 80 年代建造的现有建筑，宜采用 40 年或更长，且不得少于 30 年。

（2）在 20 世纪 90 年代（按当时施行的抗震设计规范系列设计）建造的现有建筑，后续使用年限不宜少于 40 年，条件许可时，应采用 50 年。

（3）在 2001 年以后（按当时施行的抗震设计规范系列设计）建造的现有建筑，后续使用年限宜采用 50 年。

1. 抗震鉴定方法

根据"后续使用年限"的不同，《标准》给出了不同的抗震鉴定方法：

（1）后续使用年限 30 年的建筑（简称 A 类建筑），应采用《标准》各章规定的 A 类建筑抗震鉴定方法。

（2）后续使用年限 40 年的建筑（简称 B 类建筑），应采用《标准》各章规定的 B 类建筑抗震鉴定方法。

（3）后续使用年限 50 年的建筑（简称 C 类建筑），应按现行国家标准《建筑抗震设计规范》（GB 50011—2010）的要求进行抗震鉴定。

抗震鉴定分为两级。第一级鉴定应以宏观控制和构造鉴定为主进行综合评价，第二级鉴定应以抗震验算为主结合构造影响进行综合评价。

2. 案例分享

下面通过案例来分析选取"不同后续使用年限"对抗震鉴定结果的影响。

项目的基本信息及计算模型如表 2.8-1、图 2.8-2 所示。项目的抗震设防类别均为标准设防类（丙类），抗震设防烈度均为 7 度，设计基本地震加速度值均为 $0.10g$，抗震等级均为三级。分别采用"后续使用年限 30 年"和"后续使用年限 40 年"所对应的方法对本项目进行抗震鉴定。

工程概况 表2.8-1

名称	建设时间	结构形式	层数	总高	后续使用年限	鉴定方法
某办公楼	1975 年	钢筋混凝土框架结构	7	24.3m	30 年	A 类
					40 年	B 类

第一级鉴定为抗震构造措施核查。A类与B类建筑的核查内容不同，且B类建筑的构造措施要求比A类严格，部分核查结果如表2.8-2、表2.8-3所示。

由以上核查结果可知，本项目不满足A类建筑抗震鉴定和B类抗震鉴定的第一级鉴定要求，均应进行第二级鉴定，即抗震承载力验算。B类建筑的验算比A类严格，验算结果如表2.8-4所示。

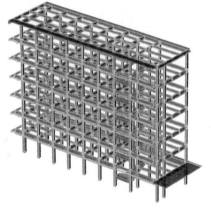

图2.8-2 计算模型

A类建筑抗震鉴定的部分构造措施核查结果 表2.8-2

核查内容	《标准》	结构现状	是否满足
结构形式	A 类：框架结构宜为双向框架	横向单跨框架	不满足
混凝土强度	A 类：梁、柱实际达到的混凝土强度等级不应低于 C13	梁、柱构件推定强度为 16.0MPa	满足
轴压比限值	A 类：不作要求	—	—
其他	……		

B类建筑抗震鉴定的部分构造措施核查结果 表2.8-3

核查内容	《标准》	结构现状	是否满足
结构形式	B 类：框架应双向布置，框架梁与柱中线宜重合	横向单跨框架	不满足
混凝土强度	B 类：梁、柱实际达到的混凝土强度等级不应低于 C20	梁、柱构件推定强度为 16.0MPa	不满足

续表

核查内容	《标准》	结构现状	是否满足
轴压比限值	B类：不宜大于0.9	1～3层部分柱构件的轴压比大于0.9	不满足
其他	......		

抗震验算结果 表2.8-4

鉴定方法	验算内容	《标准》	结构现状	是否满足
A类建筑抗震鉴定	楼层综合抗震能力指数	不小于1.0	各楼层综合抗震能力指数均大于1.0	满足
B类建筑抗震鉴定	构件承载力验算	按《标准》3.0.5进行验算，承载力抗震调整系数采用《建筑抗震设计规范》（GB 50011—2010）	部分构件不满足承载力要求	不满足
	框架结构变形验算	层间位移角限值为1/550	X方向：1/925 Y方向：1/762	满足

综上所述，抗震鉴定结果见表2.8-5。

抗震鉴定结果 表2.8-5

鉴定方法	鉴定结果	加固建议
A类建筑抗震鉴定	综合抗震能力基本满足"后续使用年限30年"要求	单跨框架结构的抗震能力弱，建议改善
B类建筑抗震鉴定	综合抗震能力不满足"后续使用年限40年"要求	对抗震承载力不足的构件以及轴压比超限的构件进行加固，改善单跨框架结构

由鉴定结果可知，本项目的"后续使用年限"为40年时，需要采取更多的加固措施以满足抗震要求，而"后续使用年限"为30年时，仅需要改善结构形式。因此，若本项目在未来30年有拆除计划，建议优先采用"后续使用年限30年"。

3. 小结

今天，国家秉承绿色环保理念，拒绝资源浪费，在政策上大力支持旧房加固改造，新的城市规划方案也不允许随意对房屋进行拆除重建，因此，房屋鉴定加固的"后续使用年限"逐渐引起房屋产权人的关注。但"后续使用年限"真的越大越好吗？其实不然，"后续使用年限"对抗震鉴定结果、加固方法及费用有直接影响，产权人应根据建筑自身发展规划，因地制宜，选取合适的"后续使用年限"，实现加固改造的经济性和实用性，切勿一味追求当前的"长寿"，忽视长远规划，造成社会资源和财富浪费，这也违背了可持续发展战略。

2.9 从检测鉴定的角度谈谈长沙自建房倒塌事故

2022年4月29日12时24分，长沙市望城区金山桥街道金坪社区盘树湾一居民自建房发生倒塌事故（图2.9-1），造成53人遇难，遇难者家属万分悲痛！根据警方通告，此前湖南湘大工程检测有限公司于2022年4月13日出具了虚假房屋安全性鉴定报告，该公司相关责任人以涉嫌提供虚假证明文件罪被依法批捕，等待他们的将是法律严厉的处罚。

1. 自建房的检测鉴定方法

根据各方信息了解，房屋前后经过几次违规改扩建，包括拆除部分承重墙体、加层、改变使用用途等，均未进行相关正规房屋安全鉴定。期间房屋还出现过结构损伤，但仅以简单修缮处理，这也是导致本次事故的主要原因。

图2.9-1　事故房坍塌现场照片

由此可见，自建房业主安全意识普遍淡薄，甚至没有房屋结构安全概念，房屋结构安全未能引起足够的重视，相关部门对于加强房屋安全方面的知识普及教育仍任重道远。

那么，该如何正确进行此类自建房的检测鉴定呢？归纳起来，大致步骤如下。

（1）初步调查：应查阅图纸资料、查询建筑物历史、考察现场。

对于有有效设计文件的项目，可通过抽样检测验证结构参数与设计文件的符合度；确无参考资料的，应进行充分的结构性能检测，检测的深度应满足结构鉴定和加固的要求。

而关于查询建筑物历史和考察现场的工作，很多鉴定人员对这方面内容的调查不重视、不深入，这是错误且不可取的，很多问题往往都是在这方面的调查中发现的。

对结构体系相对薄弱（砖混或砖木结构），未经正常设计施工验收，或存在违规加改扩建，明显增大使用荷载现象的生产经营类房屋，应进行整体安全性鉴定，严禁迎合业主，以业主的主观意愿采用局部安全性鉴定，或仅采用使用性鉴定或完损等级评定。

（2）详细调查：应进行结构体系基本情况勘察、结构使用条件调查核实、地基基础调查与检测、材料性能检测分析、承重结构检查、维护系统的安全状况和使用功能调查。

常见的自建房结构体系为混凝土框架结构和砌体结构，一般都是比较容易判别的单一体系。类似这种违规改造的房屋，可能存在多种结构体系，检测鉴定时需要特别注意这一点，以免出现误判。同时，应调查结构的使用条件，处于碳化环境、化学侵蚀环境、氯盐环境、冻融破坏环境、磨蚀环境和盐类结晶破坏环境下的结构，其材料受到的影响较大，应按规范要求充分考虑不利环境的影响。

对于地基基础进行调查与检测时，由于是埋置于地下的，检测起来较为困难。当无可信度高的图纸资料时，可根据规范方法按地基变形观测或其上部结构的反应结果进行安全性评定。常规方法有为基础沉降观测、上部结构倾斜测量，如图 2.9-2 所示。

对于材料性能方面的检测，针对不同的结构类型，相应的检测手段和工具也不同。以砌体结构的检测为例，常规的检测有回弹法检测砖抗压强度、贯入法检测砌筑砂浆抗压强度等。以混凝土结构的检测为例，常规的检测有回弹法检测混凝土强度、钻芯法检测混凝土强度等，如图 2.9-3 所示。

（a）水准仪基础沉降观测　　　　　（b）全站仪上部结构倾斜测量

图2.9-2　地基基础现场调查与检测

（a）回弹法检测砖抗压强度　　　　　　（b）贯入法检测砌筑砂浆抗压强度

（c）回弹法检测混凝土强度　　　　　　（d）钻芯法检测混凝土强度

图2.9-3　材料性能现场检测

针对承重结构及维护系统的检查，包括构件平面布置及尺寸、连接与支座工作情况检查、结构和维护系统裂缝及其他损伤检查，结构整体牢固性检查等。对于砌体结构，要重点检查其承重墙体裂缝，由于砌体结构的特性，当承载能力严重不足时，薄弱部位便会出现受力裂缝。这种裂缝即使很小，也具有同样的危害性。对于较大的非受力裂缝或残损，由于其存在破坏了结构的整体性，恶化了其承载条件，终将因裂缝宽度或残损面积过大而危及结构构件承载的安全。

（3）根据检测数据计算分析，编写鉴定报告。根据现行规范相关条款要求，对结构承载力进行计算复核，采用的计算模型应符合结构的受力和构造状况，结构上的作用（荷载）应经现场调查或检测核算，并应计入不利影响。编写鉴定报告时，应按相关规范要求如实编写，应严格执行检测鉴定相关标准，按照规范规定的程序要求，由构件、子单元到鉴定单元逐级评定，不得省略评级过程，不得简化鉴定程序，安全性鉴定和抗震鉴定应同时进行，但不得混合进行评定；切不可玩文字游戏，弄虚作假。

2. 房屋安全问题应早预防早发现

目前，人们在房屋结构安全方面的预防知识和理念方面仍有较大提升空间。与许多行业中提倡预防为主的理念相同，建筑的安全问题也有迹可循，可以通过包括定期巡查、健康监测等手段进行预防，及早发现。这样可以将问题解决于萌芽阶段，而不是待其发展为严重的问题后再来解决。

新执行的通用系列规范中普遍强调"早预防早发现"的理念，例如《既有建筑维护与改造通用规范》（GB 55022—2021）规范中提到，应对既有建筑进行周期性维护和检查。一般性检查、建筑检测、结构检查、设备设施检查等在规范中都有明确要求。结构方面的检查要求见图 2.9-4。

近年来，笔者单位在基于大数据的城乡建筑群安全评估与预警决策方面的相关研究取得关键进展，开发了基于大数据的城乡建筑群安全监测预警云平台，可对建筑群进行全天候的监测，预警和安全评估。由笔者单位组建的"房屋健康监测"团队，基于土木工程学科理论和大量工程实践，背靠单

3.3.1 结构日常检查应包括下列主要内容：
　　1 结构的使用荷载变化情况；
　　2 建筑周围环境变化和结构整体及局部变形；
　　3 结构构件及其连接的缺陷、变形、损伤。
3.3.2 结构特定检查应包括下列内容：
　　1 在台风、大雪、大风前后，屋盖、支撑系统及其连接节点的缺陷、变形、损伤；
　　2 在暴雨前后，既有建筑周围地面变形、周围山体滑坡、地基下沉、结构倾斜变形。
3.3.3 在日常检查和特定检查内容的基础上，应对结构的现状进行评定。

图2.9-4 《既有建筑维护与改造通用规范》（GB 55022—2021）相关条文

位强大的计算分析能力，依托物联网和大数据云平台，实现对重大基础设施实时结构安全监测与智慧管理，为社会提供专业的定期房屋监测服务，系统组成及仪器详见图2.9-5~图2.9-7。

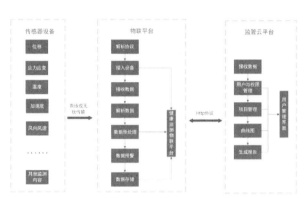

图2.9-5　健康监测系统组成

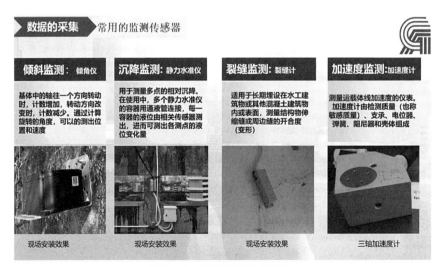

图2.9-6　健康监测常用仪器

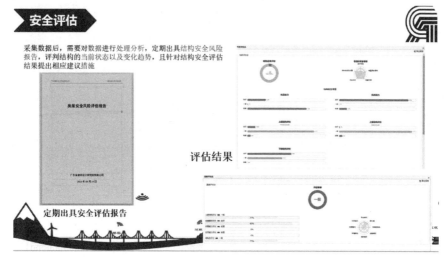

图2.9-7　健康监测评估结果

3. 小结

　　近年来，建设行业重大安全事故频发，业主、设计、施工等各主体责任方都难逃追责，检测鉴定方也已经不是第一次作为责任方被追责定罪。警钟长鸣，建设行业中的每一位同仁，都应该引以为戒，时刻对人民群众的生命、财产安全保持敬畏之心，坚守安全生产责任底线，才能杜绝长沙自建房倒塌此类事故的发生。

房屋加固处理常用方法

3.1 混凝土最常见——碰上裂缝怎么办？

因为混凝土构件的材料特性是很容易出现裂缝，所以一般情况下混凝土都是带裂缝工作。但裂缝的存在会降低建筑物的整体刚度、耐久性和抗震性能，而且给使用者在感观上和心理上造成不良影响。在既有房屋的改造加固过程中，裂缝问题往往与钢筋锈蚀问题同时存在，这些结构缺陷往往无法在改造项目立项及设计前期被充分发现，施工阶段处理时很琐碎，会对项目的成本费用产生重大影响。因而，在既有房屋检测及鉴定过程中，需注意排查有混凝土开裂及钢筋锈蚀隐患的构件；在加固改造设计时，需注意给出合理、适用的混凝土裂缝与钢筋锈蚀处理原则。目前，与混凝土裂缝处理相关的规范如下：

《混凝土结构加固设计规范》(GB 50367—2013)；

《建筑结构加固工程施工质量验收规范》(GB 50550—2010)；

《工程结构加固材料安全性鉴定技术规范》(GB 50728—2011)；

《建筑工程裂缝防治技术规程》(JGJ/T 317—2014)；

《混凝土结构耐久性修复与防护技术规程》(JGJ/T 259—2012)；

《房屋裂缝检测与处理技术规程》(CECS 293—2011)。

下面结合某项目的具体情况及上述规范为大家介绍混凝土构件裂缝及钢筋锈蚀的加固处理方法。

1. 工程概况

某车间的主体结构形式为钢筋混凝土框架结构，主体结构采用钢筋混凝土梁、板、柱承重，现浇混凝土屋面，屋面为上人屋面。屋面结构形式为梁板式结构。

针对该项目的检测结果如下：

（1）该楼抽检的屋面板混凝土抗压强度值、板的厚度、板钢筋直径均满足设计要求。屋面板面层钢筋保护层厚度范围为 10~50mm，不满足验收规范要求；

（2）屋面板底层钢筋保护层厚度范围为 0~15mm，部分不满足验收规范要求。

目前发现该车间屋面板存在裂缝、渗漏，钢筋锈蚀等现象。部分板裂缝、钢筋锈蚀及相关检测结果见图 3.1-1。

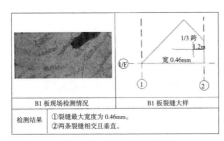 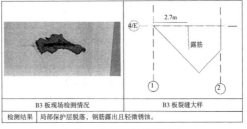

（a）B1 板裂缝及检测情况 　　　　　（b）B3 板裂缝及检测情况

图3.1-1　板裂缝检测结果图

经初步分析，产生屋面板裂缝有以下几方面原因：

（1）板面保护层厚度太厚，板支座处承受负弯矩的有效高度降低，影响板的承载力，引起板支座处的板面产生裂缝，并使板在外荷载作用下的弯矩向板跨中转移，进一步引起板底开裂。

（2）板底层钢筋保护层厚度太薄，钢筋外露，部分钢筋锈蚀，板因钢筋锈蚀而胀裂。

（3）屋面板缺少温度构造筋，板因温度变化引起结构变形，进而产生裂缝。

针对上述屋面板的开裂、钢筋锈蚀问题，本项目主要采用了"钢筋除锈"→"板裂缝压力灌胶"→"粘贴碳纤维布加固"三步走的处理加固思路。需要注意的是：第一，钢筋除锈前，为保证处理效果，应对板钢筋的锈蚀状况进行扩大抽样检测（本项目经现场检查，钢筋锈蚀轻微）；第二，钢筋除锈后，建议使用改性环氧树脂砂浆将板因钢筋除锈而开凿的坑、槽填充。改性环氧树脂砂浆具有优良的表面粘结性能和硬化后强度，可以为粘贴碳纤维形成良好的基材表面。

2. 常见混凝土裂缝特征及处理方法

1）混凝土构件裂缝的产生原因

（1）荷载引起的称为荷载裂缝；典型荷载裂缝特征详图 3.1–2（源自 CECS 293—2011）。

原因	裂缝主要特征	裂缝表现
轴心受拉	裂缝贯穿结构全截面，大体等间距（垂直于裂缝方向）；用带肋筋时，裂缝间出现位于钢筋附近的次裂缝	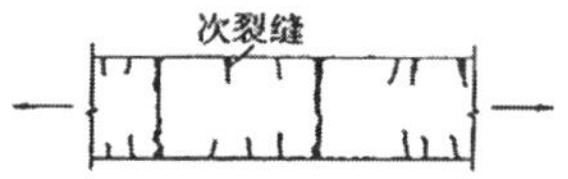 次裂缝
轴心受压	沿构件出现短而密的平行于受力方向的裂缝	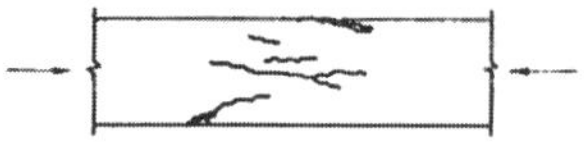
偏心受压	弯矩最大截面附近从受拉边缘开始出现横向裂缝，逐渐向中和轴发展；用带肋钢筋时，裂缝间可见短向次裂缝	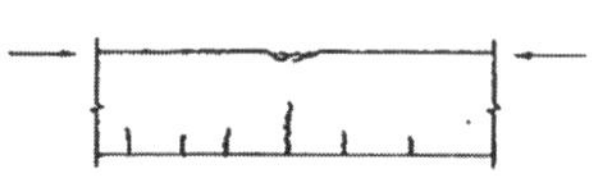
	沿构件出现短而密的平行于受力方向的裂缝，但发生在压力较大一侧，且较集中	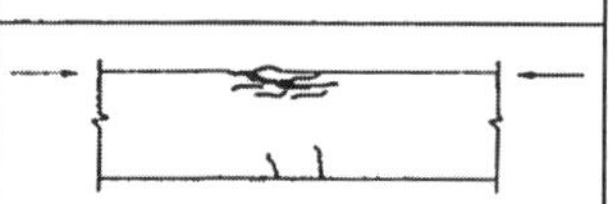
局部受压	在局部受压区出现大体与压力方向平行的多条短裂缝	
受弯	弯矩最大截面附近从受拉边缘开始出现横向裂缝，逐渐向中和轴发展，受压区混凝土压碎	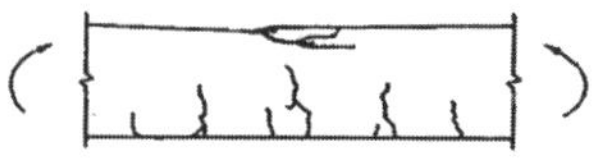

图3.1-2 混凝土构件典型荷载裂缝特征详图

（2）非荷载引起的裂缝称为非荷载裂缝（主要原因是由温度、收缩、膨胀、不均匀沉降等导致）；典型非荷载裂缝特征详图见图3.1-3（源自CECS 293—2011）。

2）混凝土结构裂缝修补方法

对于混凝土结构裂缝，常采用表面封闭法、注射法、压力注浆法、填充密封等方法修补。

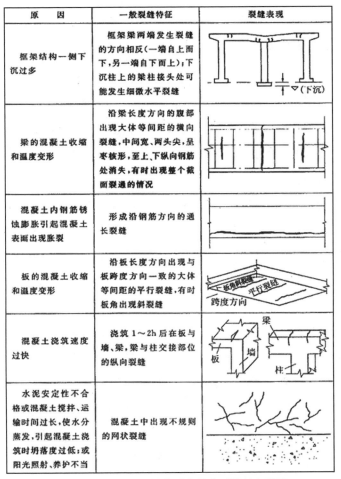

原 因	一般裂缝特征	裂缝表现
框架结构一侧下沉过多	框架梁两端发生裂缝的方向相反（一端自上面下，另一端自下面上）；下沉柱上的梁柱接头处可能发生细微水平裂缝	
梁的混凝土收缩和温度变形	沿梁长度方向的腹部出现大体等间距的横向裂缝，中间宽、两头尖，呈枣核形，至上、下纵向钢筋处消失，有时出现整个截面裂通的情况	
混凝土内钢筋锈蚀膨胀引起混凝土表面出现胀裂	形成沿钢筋方向的通长裂缝	
板的混凝土收缩和温度变形	沿板长度方向出现与板跨度方向一致的大体等间距的平行裂缝，有时板角出现斜裂缝	
混凝土浇筑速度过快	浇筑1～2h后在板与墙、梁，梁与柱交接部位的纵向裂缝	
水泥安定性不合格或混凝土搅拌、运输时间过长，使水分蒸发，引起混凝土浇筑时坍落度过低；或阳光照射、养护不当	混凝土中出现不规则的网状裂缝	

图3.1-3 混凝土构件典型非荷载裂缝特征详图

修补裂缝时，应根据混凝土结构裂缝深度 h 与构件厚度 H 的关系选择处理方法：

（1）h 小于或等于 $0.1H$ 的表面裂缝，应按表面封闭法进行处理；

（2）h 在 $0.1H\sim0.5H$ 时的浅层裂缝，应按填充密封法进行处理；

（3）h 大于或等于 $0.5H$ 的纵深裂缝，以及 h 等于 H 的贯穿裂缝，应按压力注浆法进行处理；并保证注浆处理后界面的抗拉强度不小于混凝土抗拉强度。

3. 常见混凝土裂缝处理材料

修补混凝土构件裂缝的专用材料分为以下几种类型：

（1）改性环氧树脂类、改性丙烯酸酯类、改性聚氨酯类等的修补胶液，其中包括配套使用打底胶、修补胶和聚合物注浆料等合成的树脂类修补材料，此材料适用于裂缝的封闭或补强，具体操作可采用表面封闭法、注射法或压力注浆法进行修补。

（2）无流动性的有机硅酮、聚硫橡胶、改性丙烯酸酯等柔性的嵌缝密封胶类材料，它适用于活动裂缝的修补，以及混凝土与其他材料接缝截面干缩性裂缝的封堵。

（3）无收缩水泥注浆料、改性聚合物水泥注浆料以及不回缩微膨胀水泥等无机胶凝材料类修补材料。

（4）无碱玻璃纤维、碳纤维织物以及芳纶纤维类编织物等复合材与其配套使用的胶粘剂，其不仅能控制表面裂缝的发展，还有效地提高了构件的承载力。最后，对于裂缝修补材料来说，其材料的安全性能指标必须符合《工程结构加固材料安全性鉴定技术规范》（GB 50728—2011）的规定。

4. 钢筋混凝土裂缝处理施工注意事项

（1）原构件表面的界面处理，应沿裂缝走向及两侧各 100mm 范围内，打磨平整、清除油垢，直至露出坚实的基材新面，用压缩空气或吸尘器清理干净。

（2）当设计要求沿裂缝走向骑缝凿槽时，应按施工图规定的剖面形式和尺寸进行开凿、修整，并清理干净。

（3）处理裂缝内的粘合面时，应按粘合剂产品说明书的规定进行。

（4）胶体材料的调制和使用应按产品说明书的规定进行。

（5）裂缝表面封闭完成后，应根据结构使用环境和设计要求做好防护层。

（6）在裂缝处理过程中，当发现裂缝扩展、增多等异常情况时，应立即停止施工，并进行重新评估处理。

（7）存在对施工人员健康及周边环境有影响的有害物质时，应采取有效的防护措施；当使用化学浆液时，尚应保持施工现场通风良好；化学材料及其产品应存放在远离火源的储藏室内，并应密封存放。

（8）工作场地严禁烟火，并必须配备消防器材。

3.2 钢筋混凝土构件加固方法

当建造质量不高，或者使用维护不当时，房屋会出现不同程度的缺陷、损伤，一些严重的问题甚至危及结构安全。面对各种环境下不同程度的缺陷、损伤，加固需要选择适当的方法。针对构件承载力不足的情况，目前有多种成熟的加固方法可供选择，下面介绍几种常规的构件加固方法。

1. 构件加固方法

（1）增大截面加固法：增大原构件截面或增配钢筋，以提高其承载力、刚度和稳定性，或改变其自振频率的一种直接加固法。

（2）置换混凝土加固法：剔除原构件低强度或有缺陷区段的混凝土，同时浇筑同品种但强度等级较高的混凝土进行局部增强，使原构件的承载力得到恢复的一种直接加固法。

（3）外粘型钢加固法：对钢筋混凝土梁、柱外包型钢、扁钢焊成构架，并灌注结构胶粘剂，以达到整体受力共同工作的加固方法。

（4）粘贴钢板加固法：采用结构胶粘剂将薄钢板粘贴于原构件的混凝土表面，使之形成具有整体性的复合截面，以提高其承载力的一种直接加固方法。

（5）粘贴复合纤维材料加固法：采用结构胶粘剂将纤维复合材粘贴于原构件的混凝土表面，使之形成具有整体性的复合截面，以提高其承载力和延性的一种直接加固方法。

表 3.2-1 给出了各类构件加固方法的适用范围以及优缺点对比。

构件加固方法的适用范围以及优缺点对比　　　　表3.2-1

	适用范围	优点	缺点
增大截面加固法	适用范围较广，用于梁、板、柱、墙等构件及一般构筑物的加固，特别是原截面尺寸显著偏小及轴压比明显偏高的构件加固	有长期的使用经验，施工简单，适应性强	湿作业，施工期长，构件尺寸增大，并且可能影响使用功能和其他构件的受力性能
置换混凝土加固法	适用于受压区混凝土强度偏低或有严重缺陷的梁、柱等承重构件的加固；使用中受损伤、高温、冻害、侵蚀的构件加固，以及局部混凝土强度不足的构件加固	结构加固后，能恢复原貌，不影响使用空间	新旧混凝土的粘结能力较差，剔凿易伤及原构件的混凝土及钢筋，湿作业期长
外粘型钢加固法	适用于梁、柱、桁架、墙及框架节点的加固	受力可靠，能显著改善结构性能，对使用空间影响小	施工要求较高，外露钢件应进行防火、防腐处理
粘贴钢板加固法	适用于钢筋混凝土受弯、斜截面受剪、受拉及大偏心受压构件的加固。构件截面内力存在拉压变化时慎用	施工简便快速，原构件自重增加小，不改变结构外形，不影响建筑使用空间	有机胶的耐久性和耐火性问题，钢板需进行防腐、防火处理
粘贴碳纤维布加固法	适用于钢筋混凝土受弯、受压及受拉构件的加固	轻质高强、施工简便、可曲面或转折粘贴，加固后基本不增加原构件质量，不影响结构外形	有机胶的耐久性和耐火性问题

2. 构件加固工程案例

1）工程概况

某中医院建于 2000 年，该建筑为钢筋混凝土框架 – 剪力墙结构，地下 1 层，地上 12 层（局部 13 层），高 47.05m，具体模型见图 3.2-1。业主由于使用需求，需要改变建筑多处区域的室内房间格局以及房间功能，同时进行建筑整体装修改造，改造前后荷载变动较大。设计人员根据检测报告及相关设计图纸，对该建筑进行建模验算，结果表明：该建筑部分柱构件轴压比超限；部分柱、梁、板构件的承载力不满足规范要求。

图3.2-1　主体结构计算模型

2）加固设计

该建筑装修改造后出现的问题，主要包括因荷载增大导致构件承载力不满足，以及部分柱轴压比超限。大部分构件仅需提高承载力，因此加固方法主要以外粘型钢、粘贴钢板、粘贴碳纤维布加固为主。采用该系列加固方法提高构件承载力，具有施工周期短，对建筑空间影响小的优点。部分区域因荷载增加较多，该区域构件不适宜采用上述加固方法，因此采取能大幅度提高承载力的加大截面加固法或新增叠合板进行加固。

各类构件加固方法：

（1）柱构件加固

对于个别因荷载增加较大引起的承载力不满足，以及轴压比明显偏高的柱构件，可采用增大截面加固法进行加固，其余柱采用外粘型钢加固法进行加固。柱加固示意见图 3.2-2。

（2）梁构件加固

对于不满足承载力要求的梁，主要以粘贴钢板进行加固，应注意，采用粘贴钢板加固法进行加固时，正截面抗弯承载力提升幅度不应超过40%。对于需大幅度提高承载力的部分梁构件，可采用加大截面加固法进行加固。梁加固示意见图3.2-3。

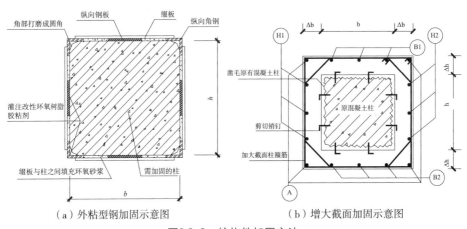

（a）外粘型钢加固示意图　　（b）增大截面加固示意图

图3.2-2　柱构件加固方法

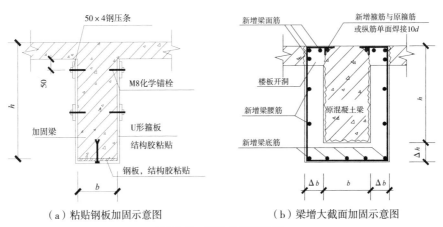

（a）粘贴钢板加固示意图　　（b）梁增大截面加固示意图

图3.2-3　梁构件加固方法

（3）板构件加固

对于不满足承载力要求的板，主要采用粘贴碳纤维布，需注意采用粘贴碳纤维加固法加固时，正截面抗弯承载力提升幅度不应超过40%。对于需要较大幅度提高承载能力的板构件，可采取新增叠合板加固。

3. 小结

通过工程实例可见，不同的构件加固方法的适用范围以及加固作用存在差异，因此加固方法的选择应该根据建筑实际情况而定。通过对加固方法进行比较和优化，选择合理的加固方法，能达到缩短加固施工周期、减少投入、保障加固效果的目的。

3.3 砖混结构加固常用方法

早期多层住宅建筑常用砖混结构，即砌体承重墙结合混凝土构造柱、圈梁共同受力。砖混结构侧向刚度大，竖向力传递直接，在施工质量保证的情况下，砖混结构具有良好的抗震性能。常见的砖混结构模型如图3.3-1所示。砖混结构有多种加固方法，可依据具体情况进行选择。

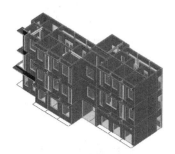

图3.3-1 砖混结构模型示意图

1. 砖混结构中的砌体构件加固常用方法

1）钢筋混凝土外加层加固法

该方法属于复合截面加固法的一种，是提高其承载力、刚度的一种直接加固法，适用于砌体墙、柱的抗压、抗剪、抗震不足加固。

2）钢筋水泥砂浆外加层加固法

该方法属于一种复合截面加固法，是提高其承载力、刚度的一种直接加固法，适用于砌体墙、柱的抗压、抗剪、抗震不足加固；不适用于块材严重风化（酥碱）的砌体，砌筑砂浆的强度等级不应低于 M2.5。

3）增设扶壁柱加固法

该方法是沿砌体墙长度方向每隔一定距离将局部墙体加厚形成墙带垛加劲墙体的加固法，适用于抗震设防烈度为 6 度地区的砌体墙加固设计。

2. 砌体构件加固方法优缺点对比

表 3.3-1 比较了砌体构件常用加固方法的优缺点。

砌体构件加固方法优缺点 表3.3-1

加固方法	优缺点
钢筋混凝土外加层加固法	优点：施工工艺简单、适应性强，砌体加固后，承载力有较大提高，并具有成熟的设计和施工经验。 缺点：现场施工的湿作业时间长，对生产和生活有一定的影响，且加固后的建筑物净空有一定的减小
钢筋水泥砂浆外层加固法	优点：优点与钢筋混凝土外加层加固法相近，但提高承载力的程度不如前者。 缺点：现场施工的湿作业时间长，对生产和生活有一定的影响，且加固后的建筑物净空有一定的减小
增设扶壁柱加固法	优点：与钢筋混凝土外加层加固法相近。 缺点：承载力提高有限，且较难满足抗震要求，一般 6 度区应用

3. 砖混结构中的混凝土构件常用加固方法

砖混结构中的混凝土构件常用的加固方法与钢筋混凝土结构中构件的加固方法一致，即 3.2 节 "钢筋混凝土构件加固方法" 中相关内容，主要有增大截面加固法、外粘型钢加固法等，本节不再赘述。

3.4 混凝土构件植筋常见问题处理

在既有结构的加固改造过程中，构件加大截面、上部结构新增构件、房屋加层接柱、增设剪力墙等都涉及植筋操作。"植筋"是实现新、旧混凝土构件连接的有效方法，已广泛应用于既有建筑物的加固改造工程，但实践中植筋施工往往遇到很多问题，接下来为大家介绍常见植筋问题的处理办法。

1. 原混凝土构件最小厚度无法满足钢筋锚固深度

解决办法如下：

（1）根据《混凝土结构加固设计规范》（GB 50367—2013）第15.2.3条公式，降低植筋抗拉强度的设计值，减少钢筋锚固深度。

（2）在植筋端头加螺帽和垫片，增强钢筋的锚固效果，做法见图3.4-1。

（3）根据《混凝土结构加固设计规范》（GB 50367—2013）第15.2.3条公式，采用较小直径钢筋，减少钢筋锚固深度。例如，某工程新增梁与原混凝土梁连接，2根直径为18mm的钢筋（计算需要450mm²）用3根直径为14mm的钢筋代替，原混凝土梁构件最小宽度不满足钢筋直径为14mm的锚固深度要求；做法详图3.4-2。

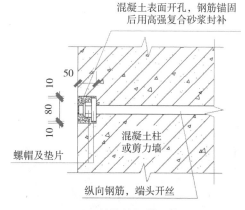

图3.4-1 植筋端部锚固做法一

2. 原构件钢筋过密，新增钢筋植入困难

解决办法如下：

（1）移位植筋，例如某工程需在楼层位置处新增钢梁、混凝土梁，但原梁柱节点处钢筋密集，无法植入，采用增设牛腿的办法，可使植筋位置离开梁柱节点区域，从而降低植筋的难度。做法见图 3.4-3。

（2）通过钢筋合理布置，使得原构件钢筋密集处仅植入较小直径的钢筋，例如某工程的柱加大截面纵向钢筋植入首层梁底，根据现场情况（图 3.4-4），原梁底筋过密，原梁箍筋间距仅约 100mm，原梁纵筋间距仅为 10~50mm。柱加大截面新增纵向钢筋无法植入梁底，本项目将新增受力纵筋尽可能布置截面四角，直接穿过楼板，柱加大截面在梁底区域仅配置较小直径的构造钢筋。做法详见图 3.4-5。

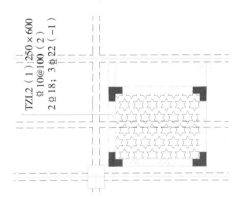

图3.4-2 植筋端部锚固做法二

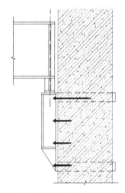

图3.4-3 增设牛腿解决植筋间距问题

图3.4-4 原梁底筋现状

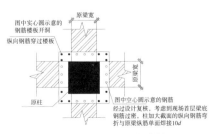

图3.4-5 调整钢筋布置解决植筋间距问题

3. 植筋胶的性能参数控制

植筋胶的性能是植筋技术的关键之一，结构胶的长期使用性能鉴定应符合下列要求：

（1）对设计使用年限为 30 年的结构胶，应通过耐湿热老化能力的检测；

（2）对设计使用年限为 50 年的结构胶，应通过耐湿热老化能力和耐长期应力（4MPa 剪应力 210d）能力的检验；

（3）对承受动荷载作用的结构胶，应通过抗疲劳能力（最大应力为 4MPa 疲劳荷载 200 万次）的检验。

4. 既有混凝土基材质量控制

（1）基材孔表面温度及含水率均应符合胶粘剂使用说明书要求。

（2）对于混凝土基材质量当新增构件为悬挑结构构件时，其原构件混凝土强度等级不得低于 C25；对于其他结构构件，其原构件混凝土强度等级不得低于 C20。

（3）若有局部缺陷，应先进行补强或加固处理后再植。

5. 施工温度控制

长期使用温度不应高于 60℃，植筋焊接应在注胶前进行。若个别钢筋确需后焊时，除应采取断续施焊的降温措施外，尚应要求施焊部位距注胶孔顶面的距离不应小于 15d，且不应小于 200mm；同时，必须用冰水浸渍的多层湿巾包裹植筋外露的根部钢筋。

6. 小结

植筋的施工质量直接影响新、旧混凝土构件的连接，植筋无论从施工技术角度还是设计角度都是十分成熟的，但设计时很容易忽视施工中可能遇到的困难，希望本节介绍的内容能给大家带来更多帮助。

3.5 增大截面加固法在网架结构中的应用

钢结构在工业与民用建（构）筑物的应用范围越来越广，相应地，对已建钢结构改造的需求也越来越多。加大构件截面的加固方法涉及面广，施工较为简便，尤其在满足一定前提条件下，还可在负荷状态下加固，因而是钢结构加固中最常用的方法。下面结合实际工程为大家介绍网架杆件增大截面的加固方法。

1. 工程概况

某会议中心始建于 20 世纪 90 年代，该网架采用弧形三角锥螺栓球网架及下弦支承结构，支撑在房屋的框架柱上，网架杆件所用钢材为 Q235 号钢材，网架连接用的螺栓球由 45 号钢经热锻制成，具体布置如图 3.5-1 所示。业主在使用过程中需要重新装修，由于建筑功能的改变，需要在屋面增加吊顶。结构外观检查结果表明，部分杆件出现弯曲变形，未发现节点出现明显损伤，高强度螺栓没有拧紧；经结构分析验算，本网架的杆件主要存在三方面问题：一是部分杆件的强度、稳定、长细比不能达到设计要求；二是部分杆件出现弯曲变形；三是部分高强度螺栓抗拉强度不满足设计要求。

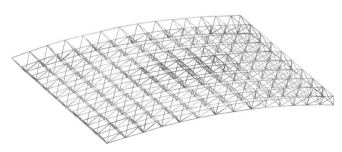

图3.5-1　网架布置图

2. 增大杆件截面的加固设计

常用增大杆件截面的方法有三种，一是在原钢管外套钢管（焊接连接）；二是外包双槽钢（焊接连接）；三是在原钢管外粘钢管（包括杆件 1/2 长度粘和杆件全长粘）。

1）截面形式的选取

轴心受力构件的原有截面一般符合对称性，加固时采用对称截面加固形式。

（1）原钢管截面是 $\varnothing 89 \times 4$，外套钢管采用无缝钢管 $\varnothing 102 \times 3.5$，见图 3.5-2；

（2）原钢管截面是 $\varnothing 60 \times 3.5$，外包双槽钢采用 2[10，见图 3.5-3；

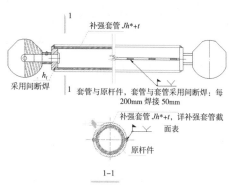

图3.5-2 外套钢管（焊接连接）加大截面图

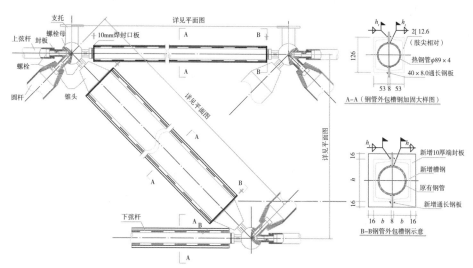

图3.5-3 外包双槽钢（焊接连接）加大截面图

（3）原钢管截面是$\varnothing 76 \times 3.5$，外粘钢管采用无缝钢管$\varnothing 89 \times 3.5$，见图3.5-4。

2）计算的一般规定

加固后的强度应按下式验算：

$$N/A_n \leqslant \eta_n f$$

整体稳定性可按下式验算：

$$N/\phi A \leqslant \eta_n f^*$$

式中　N——加固时和加固后构件所受总的轴心压力；

　　　A_n——加固后构件净截面面积；

　　　A——构件加固后的截面面积；

　　　f——钢材强度设计值（MPa），取截面中最低强度级别钢材的强度设计值；

　　　f^*——钢材换算强度设计值；

　　　η_n——轴心受力加固构件强度降低系数；

　　　Φ——轴心受压稳定系数。

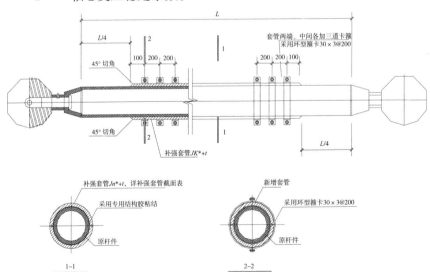

图3.5-4　外粘钢管（杆件1/2粘）加大截面图

本工程采用 MIDAS/GEN 设计软件对加固网架结构进行整体计算，由 MIDAS/GEN 计算结果，取其中最大受压杆件的轴力设计值 $N = 75kN$，加固验算结果受压杆件构件强度计算最大应力 165MPa<0.85f = 183MPa，杆件强度验算满足要求；受压杆件构件稳定计算最大应力（N/mm²）：60MPa<0.85f^*=183MPa，满足受压杆件稳定性。

3. 增大杆件截面的施工

本网架加固施工顺序如下：先拆除屋面板结构，并根据计算分析设置可靠的支撑系统，接着对缺陷杆件进行除锈、防锈处理，再进行杆件增大截面或换杆件处理及防腐、防火处理，最后重新铺回屋面板。

处理杆件要求如下：先加固支座区域杆件，其次加固跨中杆件，再加固其他杆件；应先行加固大直径杆件。

（1）加固前，先将松动的螺栓紧固，并在加固杆件周围搭设适当范围的脚手架，立杆应设在靠近螺栓球节点附近，脚手架既可用来施工，也可以作为保护措施，严禁在脚手架上放电焊机等重型设备，减轻施工荷载。

（2）新增槽钢及连接板定位前，应进行试拼和安装，确保新增槽钢的形心与节点两球的连线重合。对于已经发生弯曲变形的杆件，安装前应尽量对其修正，试装通过后才可正式安装。

（3）焊接前，应将杆件表面涂层除去。焊接时，先用长 20~30mm 的间隔 300mm 的间断焊缝将槽钢定位，再由杆件的两端部依次向内焊接所需要的连接焊缝，选用直径不大于 4mm 的低氢焊条，焊接电流不超过 220A，以防烧穿正在负荷载的钢管杆件。

（4）严禁在网架杆件打火，前一道焊缝冷却至 100℃ 以下时，方可焊接下一道焊缝，严禁大面积施焊，和沿杆件横截面环形焊接，加固连接焊缝应避开杆件原有焊缝，且间隔不小于 20mm。

（5）新增槽钢两端不能与封板（锥头）焊接，更不能与螺栓球或套筒连接，为减少焊接应力和焊接对负荷载钢管的影响，槽钢和连接钢板与钢管杆件的焊接采用间断焊缝，每隔 200mm 焊接 100mm。

本网架外包槽钢加固后的杆件见图 3.5-5 所示。

图3.5-5　外包槽钢加固杆件效果图

4. 小结

通过以上工程实例，可以得到以下结论：外包槽钢、外套钢管（焊接连接）、外粘钢管等加固方法可增加杆件的刚度，减少杆件的长细比，提高稳定承载力。

3.6　箍筋间距不满足抗震规范要求的加固处理

1. 问题提出

某 7 度区框架结构，抗震等级二级，经专业检测发现，框架柱实际箍筋间距不满足规范要求。本节简单介绍对此问题的分析和加固处理建议。

（1）部分抽检框架柱箍筋加密区箍筋间距（实测箍筋间距 140mm）不满足设计图纸要求，也不满足《建筑抗震设计规范》（GB 50011—2010）（2016

年版，下文简称《抗规》）第 6.3.7 条第 2 款要求。

（2）经复核验算，由于箍筋间距偏大，柱箍筋加密区实际体积配箍率不满足《抗规》第 6.3.9 条第 3 款要求；但按实际配箍验算的柱抗弯、抗剪承载力满足小震及中震弹性设计要求。

2. 加固思路

在柱斜截面受剪承载力满足设计要求的情况下，限制柱的箍筋最大间距和最小体积配箍率的作用主要是约束混凝土，提高混凝土的强度和延性，柱箍筋分布见图 3.6-1。对于既有结构柱延性不足而进行抗震加固时，可采用全长无间隔地环向连续粘贴纤维布的方法（简称"环向围束法"）进行加固。

图3.6-1　框架柱箍筋分布示意

结合本项目情况，建议采用以下两种体积配箍率之差的包络值，根据《混凝土结构加固设计规范》（GB 50367—2013）第 10.8 节的规定进行加固处理：

（1）对于箍筋最大间距不满足《抗规》第 6.3.7 条第 2 款的要求的情况，考虑在满足箍筋最小直径、最大间距，及箍筋最大肢距（二级抗震等级）要求情况下对应的体积配箍率与实际箍筋间距情况下对应的体积配箍率之差进行加固；

（2）对于柱实际体积配箍率不满足《抗规》第 6.3.9 条第 3 款的情况，按实际体积配箍率与最小体积配箍率之差进行加固。

3. 算例分析——以某一中柱为例

柱混凝土强度为 C35，截面尺寸 650mm × 650mm，原设计配置 4 × 4 复合箍，间距 100mm，直径 12 的箍筋。柱轴压比 0.7，最小配箍特征值 λ_v 取 0.15，根据《抗规》第 6.3.9 条，最小体积配箍率按下式计算：

$$\rho_{vmin}=\lambda_v f_c/f_{yv}=0.15 \times 16.7\text{MPa}/360\text{MPa}=0.6958\%$$

柱净高 2.3m，初步估算剪跨比（$H_n/2h_0$）不大于 2，根据《抗规》第 6.3.9 条，剪跨比不大于 2 的柱，箍筋加密区体积配箍率不应小于 1.2%，取 ρ_{vmin}=1.2%。

根据本项目检测鉴定报告，本层该柱加密区箍筋最大间距为 140mm，对应的实际体积配箍率 ρ_v 按下式计算：

$$\rho_v=(n_1l_1+n_2l_2) A_{sv}/(A_{cor} s)$$

$$=(4 \times 600+4 \times 600) \times 113.1/(600^2 \times 140)=1.077\%$$

根据《抗规》第 6.3.7 条，剪跨比不大于 2 的二级框架柱，柱的箍筋最大间距不能大于 100mm，二级柱最小的直径为 8mm；以及第 6.3.8 条，柱的纵向钢筋间距不宜大于 200mm；根据以上两个条件；构造配置 4×4 肢箍，间距 100mm，直径为 8mm 的箍筋，满足箍筋最大间距构造要求的体积配箍率 ρ_v 按下式计算：

$$\rho_v=(n_1l_1+n_2l_2) A_{sv}/(A_{cor} s)$$

$$=(4 \times 600+4 \times 600) \times 50.3/(600^2 \times 100)=0.671\%$$

实际箍筋间距超过规范要求的情况下；根据本项目检测鉴定报告，本柱加密区箍筋最大间距为 140mm，对应的构造上要求的体积配箍率 $\rho_{v.e}$ 按下式计算：

$$\rho_{v.e}=(n_1l_1+n_2l_2) A_{sv}/(A_{cor} s)$$

$$=(4 \times 600+4 \times 600) \times 50.3/$$

$$(600^2 \times 140)=0.479\%；$$

采用环向围束法进行加固，做法见图 3.6-2。根据《混凝土结构加固设计规范》（GB 50367—2013）第 10.8.2 条：

$$\rho_v=\rho_{v.e}+\rho_{v.f}$$

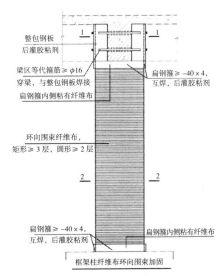

图3.6-2　环向围束法加固示意

$$\rho_{v.f}=k_c\rho_f\frac{b_f f_f}{s_f f_{yv0}}$$

$$\rho_{v.f}=\rho_{vmin}-\rho_v=1.2\%-1.077\%=0.123\%;$$

$$\rho_{v.f}=\rho_v-\rho_{v.e}=0.671\%-0.479\%=0.192\%$$

两者包络值，$\rho_{v.f}$ 取 0.192%；

$$\rho_f = 2n_f t_f（b+h）/A_{cor}$$

式中　　A_{cor}——环向围束内混凝土面积（mm^2）。

正方形：$A_{cor}=bh-（4-\pi）r^2=650mm\times650mm-（4-3.14）\times20mm^2$

$\qquad\qquad=422156（mm^2）;$

正方形截面，$k_c=0.66$；$b_f=200mm$；$S_f=200mm$；$f_f=2300N/mm^2$；$f_{yv0}=360N/mm^2$。

加固材料选择碳纤维。采用 3 层 0.111 厚的碳纤维布无间隔的环向连续粘贴。

$$\rho_f = 2n_f t_f（b+h）/A_{cor}=2\times3\times0.111\times（650+650）/422156=2.050\,9\times10^{-3}$$

$$\rho_{v.f}=0.66\times2.0509\times10^{-3}\times200\times2300/（200\times360）$$

$$=0.865\%>0.192\%;$$

设计满足要求。

综上，对该柱采用环向围束法进行加固时，碳纤维布粘贴层数为 3 层，碳纤维厚度为 0.111mm，可满足要求。

4. 小结

本项目存在箍筋实际间距不满足《抗规》第 6.3.7 条的问题，考虑到处理方案的可实施性，本设计方案从结构概念设计出发，提出以体积配箍率为控制目标的处理思路，供大家参考。虽然实际箍筋间距不满足规范要求，但通过对体积配箍率的控制，使得柱进行纤维复合材环向围束加固后的实际体积配箍率不小于规范要求的体积配箍率，从而使构件实现规范要求的延性目标。

3.7 从结构加固的角度谈谈长沙自建房倒塌事故

1. 事故简要回顾

2022 年 4 月 29 日 12 时 24 分，长沙市望城区金山桥街道金坪社区盘树湾一居民自建房发生倒塌事故（图 3.7-1）。截至 2022 年 5 月 6 日 3 时 03 分，现场救援行动已经结束。现场被困的失联人员已被全部找到，10 人获救，遇难者有 53 人，其中大多是年轻的大学生。9 名嫌疑人被批捕。政府部门十分重视该事故，在调查清楚事故原因后，将会追究法律责任，给人民群众一个满意的答复。

图3.7-1 坍塌事故现场照片

长沙倒塌自建房结构形式为砖混结构，综合媒体报道和网上图片，2014 年该房屋为 5 层，至 2020 年该房屋整体加建至 6 层，顶部局部加建至 8 层，外观见图 3.7-2 和图 3.7-3。二楼由台球俱乐部变为酸菜鱼餐馆，不仅如此，该建筑内部很可能加建了电梯。

从现场倒塌图片来看，该建筑属于典型的坐下式倒塌，底部存在薄弱层，因承重构件承载力达到极限而发生脆性破坏，进而引起整栋房屋的坍塌（图 3.7-4）。

图3.7-2 事故房2014年外观图（左）和2020年外观图（右）

图3.7-3　事故房顶部有加建2层的阁楼　　　　图3.7-4　现场倒塌图片

通过收集资料，编者将该房屋倒塌前可能存在的安全隐患归纳为以下七点：

（1）原基础可能为"满堂红"筏板基础，因顶部局部加建2层导致基础偏心受力；

（2）房屋层数由5层加建到6层，局部8层，6层以下承重增加，底部两层竖向构件压力达到极限；

（3）二层餐馆可能拆除了内部承重墙体，形成薄弱层；

（4）结构形式可能是底层框架上部砌体墙承重，底层框架亦是薄弱层；

（5）房屋很可能内部加建了电梯，楼板开洞，电梯加在结构内部影响了原结构体系的传力路径；

（6）二~六层悬挑阳台上砌筑墙体，存在负弯矩不满足要求的隐患；

（7）砖混结构整体牢固性差，不具有防连续倒塌能力。

2. 安全隐患解决方法（结构加固的角度）

下面从砖混结构房屋加固的角度来谈谈如何消除这些隐患。

1）针对基础承载力不足

根据《既有建筑地基基础加固技术规范》（JGJ 123—2012）第6.1.4条：既有建筑增层改造时，对其地基基础加固工程，应进行质量检验和评价，待隐蔽工程验收合格后，方可进行上部结构的施工。基础承受偏心受压荷载，可采用以下加固方式：

（1）采用不对称加宽基础；

（2）不宜采用加大基础底面积法时，可将筏型基础改为箱型基础；

（3）将板式筏基改为梁板式筏基；

（4）新增锚杆静压桩。

2）针对砖墙承载力不足

砖墙抗压承载力不足时，通常采用的加固方法有钢筋混凝土面层法（俗称"板墙"）和钢筋网水泥砂浆面层法（俗称"砂浆挂网"）。板墙受力性能明显优于砂浆挂网，受压承载力偏低的砖墙，应优先采用钢筋混凝土面层。根据《砌体结构加固设计规范》（GB 50702—2011）第6.1.2条，因抗压不足采用砂浆挂网加固时，原砌筑砂浆的强度等级不应低于M2.5，而20世纪90年代之前建造的房子很多检测出来的砂浆强度都达不到M2.5。

砖墙抗剪承载力不足时，同样可采用板墙法和砂浆挂网法，根据《砌体结构加固设计规范》（GB 50702—2011）第6.1.2条，因抗剪不足采用砂浆挂网加固时，原砌筑砂浆的强度等级不应低于M0.4，一般房屋的砂浆强度可达到此标准。除上述两种方法外，还可采用粘贴碳纤维布法、钢丝绳网－聚合物改性水泥砂浆面层加固法、高延性混凝土面层加固法。其中，高延性混凝土具有良好的抗剪能力，20mm以内可不设钢筋，其抗剪能力是普通混凝土面层的3倍左右，但其抗压承载力普通混凝土面层的1/3左右，价格偏高。

3）针对拆除承重墙体

由于使用功能确有需要拆除承重墙体时，应进行评估和计算，避免拆除墙体的结构层成为薄弱层。评估拆除墙体可行时，应设置托梁托柱，按转换梁、转换柱计算和配筋。托梁托柱一般有三种做法：（1）新增双槽钢托梁及壁柱代替承重墙；（2）新增双混凝土梁及混凝土壁柱代替承重墙；（3）新增框架梁框架柱托换墙体。

4）针对底部框架上部砌体结构

底部框架上部砌体结构形式在功能使用方面可以底部作商铺，上部作住宅，造价比框架结构低，所以在自建房屋中非常普遍。但这种结构形式的缺陷也十分明显，就是底部为薄弱层。对于底部框架柱、二层托梁、过渡层楼板，规范对其承载力构造都有更严格的规定，详情可参见《砌体结构通用规范》（GB 55007—2021）第4.3节。

5）针对结构内部加建电梯

随着我国经济的发展及社会老龄化的提高，以前的楼梯房已不能满足居民的生活要求，近年来旧房屋加建电梯也在快速推进。楼梯房加建电梯时，首选在房屋主体结构之外加建，电梯采用连廊与主体结构相连，这样只需要对电梯自身的结构承载力和稳定性进行验算，对原主体结构无损伤和影响。应尽量避免加建在结构主体内部或者与主体结构共同受力的电梯结构。

6）针对悬挑阳台负弯矩承载力不足

悬挑阳台、悬挑梁等结构为静定结构，仅支座端有约束，没有其他冗余度。由于支座端承受负弯矩，板面钢筋由于施工因素，会经常有面筋被踩下去，保护层厚度过厚导致支座处承载力不足的情况，一旦支座端损坏，极易发生坍塌事故。可采用增加型钢柱、加三角架支撑、加钢拉索或新增钢筋混凝土面层等方法进行加固。

7）针对整体牢固性差

砖混结构除了计算承载力不满足要求需要加固，由于砖墙属于脆性材料，构造上也要满足保证其整体牢固性。提高砖混结构整体牢固性的措施一般采用外加圈梁及构造柱达到套箍作用。

3. 小结

本节是从结构加固设计的角度对长沙自建房屋倒塌事件的几点思考，在此强调一下：不是所有的房屋都有加固的价值，根据《砌体结构加固设计规范》（GB 50702—2011）第 3.1.6 条，加固总费用达到新建结构总造价的 70% 以上的结构应避免加固，文物建筑及其他具有历史价值或艺术价值的除外。

由于餐饮、酒店等经营性房屋比其他房屋装修频繁，尤其餐饮类，在下列情况下，应进行可靠性鉴定：

（1）建筑物大修前；

（2）建筑物改造或增容、改建或扩建前；

（3）建筑物改变用途或使用环境前；

（4）建筑物达到设计使用年限拟继续使用时；

（5）受灾害或事故时；

（6）存在较严重的质量缺陷，或出现较严重的腐蚀、损伤、变形时。

针对这类房屋的鉴定，不论是房屋整体鉴定还是局部鉴定，都应重点调查以下内容：

（1）房屋的结构形式、地基基础形式；

（2）房屋的建造年代，有无改造、加建、变更使用用途以及受自然灾害等情况；

（3）房屋整体布局有无明显的薄弱层（竖向不规则和平面不规则）。

针对局部鉴定，如鉴定底层，应了解上部结构情况，考虑上部荷载验算，并对地基基础受力情况进行鉴定。除应鉴定上部局部楼层，也应对相关上下层、薄弱层、底层及地基基础进行安全鉴定。

长沙自建房倒塌之前，隔壁开店的小卢早前就发现这栋楼外墙有东西掉落，当时该楼的房东正在一楼为自己的哥哥设灵堂、办白事。小卢当面提醒了他，说要注意，但房东没有（或者没来得及）采取任何措施。过了一会，灾难就发生了。

针对老旧建筑、重要建筑和其他有需要的建筑，可采用自动化监测系统来进行安全管理。

让我们对房屋的结构安全存有敬畏之心，保护自己，也保护他人，不让长沙自建房倒塌事件的悲剧再次发生！

3.8 BRB加固设计项目的计算

1. 工程概况

本项目办公楼总建筑面积约 23000m²，为地下 3 层、地上 20 层的高层建筑，建筑总高度约 63.1m。主体结构采用钢筋混凝土框架 – 剪力墙结构体系，结构模型如图 3.8-1 所示。抗震设防烈度为 7 度，Ⅱ 类场地，特征周期 0.35s，地震设计分组为第一组，基本风压为 0.5kN/m²，地面粗糙度 C 类。建筑物框架抗震等级为二级，剪力墙抗震等级为一级。梁板柱墙构件混凝土强度等级根据检测报告，地下室 2 层 ~ 地上 2 层取 C35，地上 3~12 层取 C30，地上 13~21 层取 C25。

图3.8-1　三维计算模型

2. 存在问题

根据抗震鉴定报告，该房屋属于 B 类建筑，存在"凹凸不规则""尺寸突变"和"扭转不规则"不规则项。

（1）存在凹凸不规则，即平面局部突出部分的长度为 51%，大于该方向总长度的 35%（l/B_{max}=16.5/32.1=51%）；

（2）存在尺寸突变，即 17 层存在立面收进，竖向收进 79%，水平收进 27.5%，大于该方向水平总尺寸的 25%；

（3）存在扭转不规则，即楼层位移比最大 1.6，超过 1.2。

本工程在地震作用下，X 向和 Y 向的最大扭转位移比分别为 1.22 和 1.60，不满足《建筑抗震设计规范》（GB 50011—2010）限值 1.20 的要求。

3. 加固方法比较

针对扭转不规则的情况，可采取以下三种加固方法：增设屈曲约束支撑BRB；增设抗震墙；增设钢支撑。

根据表 3.8-1 中不同加固方法对建筑功能的影响，需加固的构件数量，结构拆除恢复工程量，基础加固的工程量，施工工期，连接节点处理，提高抗震承载力、变形能力等进行对比发现，较优的方案为增设屈曲约束支撑 BRB，本项目最终采用增设屈曲约束支撑 BRB 加固方案。

在 2~20 层 X、Y 方向总布置 76 个屈曲约束支撑，共包括 5 种型号，BRB 计算参数详如表 3.8-2 所示，BRB 平面布置图如图 3.8-2 所示，立面

不同加固方法对比 表3.8-1

抗震加固方案对比项	增设屈曲约束支撑BRB	增设抗震墙	增设钢支撑
对建筑功能的影响	较小	较大	较小
需加固的构件数量	较小	较小	较小
结构拆除恢复工程量	较小	较小	较小
基础加固的工程量	较小	较大	中等
施工工期	较短	较长	较小
连接节点处理	中等	较小	较难
提高抗震承载力、变形能力	较好	较好	中等

BRB计算参数 表3.8-2

编号	屈服承载力（kN）	屈服位移（mm）	屈服后刚度比	数量
BRD1	4200	3.2	0.02	22
BRD2	3000	3.4	0.02	2
BRB1	4200	3.2	0.02	10
BRB2	3000	3.4	0.02	24
BRB3	1000	3.7	0.02	18

布置图如图 3.8-3 所示。通过增设屈曲约束支撑 BRB，提高了结构的抗扭刚度，减小了结构在地震下的扭转响应。

4. 计算结果

1）楼层扭转位移比

本项目未增加 BRB 前结构的最大扭转位移比为 1.6，大于 1.2，不满足《建筑抗震设计规范》（GB 50011—2010）限值 1.20 的要求，增加 BRB 后结构的最大扭转位移比为 1.20，满足要求，楼层扭转位移比见图 3.8-4。

2）小震和中震作用下 BRB 结果

采用承载型的 BRB，在小震作用下 BRB 的最大轴力为 430.5kN，中震作用下 BRB 的最大轴力为 1163kN，BRB 均处于不屈服状态，小震下 BRB 轴力曲线见图 3.8-5。

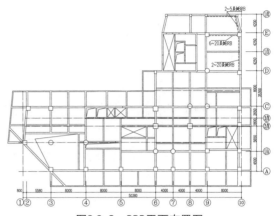

图3.8-2 BRB平面布置图

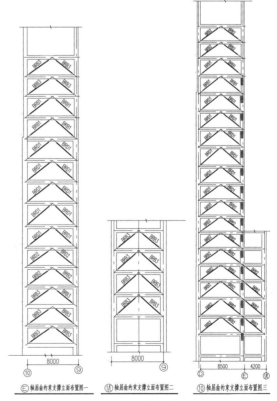

图3.8-3 BRB立面布置图

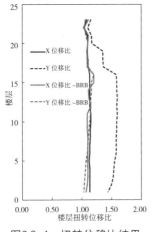

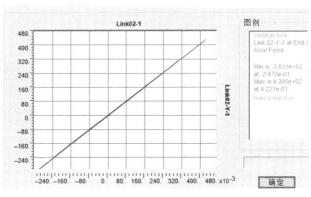

图3.8-4　扭转位移比结果　　　　　　　　图3.8-5　小震下BRB轴力曲线

3）大震结果

罕遇地震时程分析选取 2 组人工波和 5 组天然波，地震波峰值加速度为 220cm/s²，计算持续时间为 30s。

从图 3.8-6 层间位移角结果可知，X 向平均层间位移角最大值为 1/114，Y 向平均层间位移角最大值为 1/117，均小于限值 1/100，满足规范要求。

从图 3.8-7 构件损伤图来看，大部分框架梁出现损坏，关键构件未出现损坏，性能满足要求。

图 3.8-8 表明，大震作用下 BRB 的最大轴力为 2713kN，小于屈服力。构件性能水准验算结果见表 3.8-3。

构件验算情况汇总表　　　　　　　　　　　　表3.8-3

构件	大震性能要（性能水准4）	计算结果	验算情况
消能子结构（关键构件）	中度损坏，抗剪、抗弯不屈服	轻度损伤	满足
普通框架柱、剪力墙	中度损坏，抗剪不屈服	轻度损伤	满足
普通框架梁和连梁	中度损坏，部分严重损坏	轻度损伤	满足
BRB 减震部件	正常工作	未出现屈服	满足

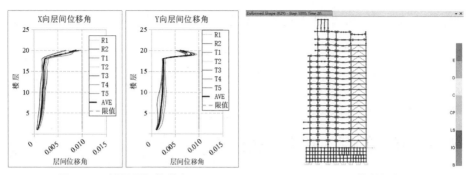

图3.8-6　楼层层间位移角　　　　　　　　图3.8-7　构件损伤

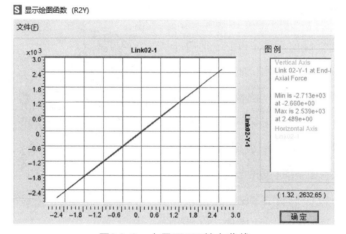

图3.8-8　大震下BRB轴力曲线

5. 小结

（1）本工程在地震作用下，X向和Y向的最大扭转位移比分别为1.22和1.60，不满足《建筑抗震设计规范》（GB 50011—2010）限值1.20的要求，采取屈曲约束支撑方案，结构的最大扭转位移减至1.20，满足扭转效应控制要求；

（2）加固后，几乎不改变结构的外形和使用空间，同时并未显著增大结构质量；

（3）本加固方案的施工现场无需进行湿作业，大大提高现场施工速度，具有明显的经济效益。

3.9 某电影院的减震加固分析

1. 工程概况

本加固项目位于珠海市，建造于20世纪70年代，采用框架结构体系，结构模型见图3.9-1。抗震设防烈度为7度，Ⅲ类场地，特征周期0.45s，地震设计分组为第一组，基本风压为0.8kN/m²，地面粗糙度C类，抗震等级3级。梁板柱构件混凝土强度等级根据检测报告取C18，结构使用年限取20年。

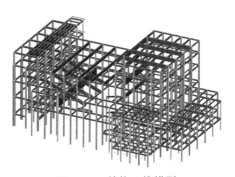

图3.9-1 结构三维模型

2. 存在的问题

（1）由于本项目属于历史建筑，建造于20世纪70年代，未进行抗震设计，按现行抗震规范设计发现，结构最大层间位移角为1/443（X向）和1/320（Y向），不满足《建筑抗震设计规范》（GB 50011—2010）第5.5.1条框架结构的层间位移角限值1/550的要求。

（2）通过增大竖向构件的截面尺寸满足变形要求，但首层框架柱截面增大明显，不能满足业主对建筑的使用要求，并且增大框架柱截面后，结构的质量和基础加固量增加明显，柱截面具体增大尺寸详表3.9-1。

加固前后柱截面 表3.9-1

加固前柱截面（mm）	加固后柱截面（mm）
300×300	500×500
300×500	500×750
400×700	500×1000
500×500	600×700

3. 消能减震设计

通过增大竖向构件的截面尺寸不能满足业主对建筑的使用要求，并且增大框架柱截面后，结构的质量和基础加固量增加明显。为减小结构的加固量和造价，在1~3层X、Y方向各布置14个黏滞阻尼器，阻尼器的刚度指数取3000kN/mm，阻尼系数取50kN·mm/s。通过提高结构的附加阻尼，减小结构的地震响应，从而达到减小结构加固量和造价的目的。阻尼器布置详见图3.9-2~图3.9-4，阻尼器安装详见图3.9-5。

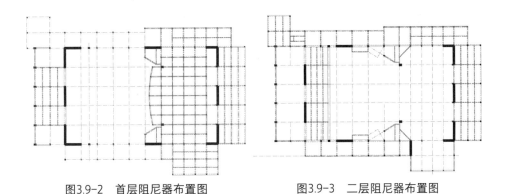

图3.9-2 首层阻尼器布置图　　　图3.9-3 二层阻尼器布置图

4. 性能分析

本工程设防烈度为7度，为保证其结构安全性，设定其结构抗震性能目标为C，混凝土构件和减震部件的性能水准如表3.9-2所示。

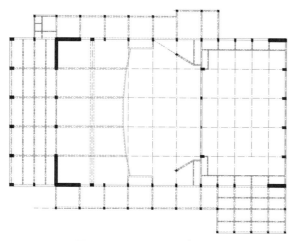

图3.9-4　三层阻尼器布置图　　　　图3.9-5　阻尼器安装大样图

不同抗震性能水准的结构构件承载力设计要求　　　　　　表3.9-2

类别	抗震烈度	多遇地震	设防地震	罕遇地震
关键构件	阻尼器连接构件（梁及与梁相连的柱）	弹性	抗弯、抗剪不屈服	抗弯、抗剪不屈服
	穿层柱	弹性	抗弯，抗剪不屈服	允许部分屈服；受剪截面满足截面限制条件
普通构件	普通框架柱	弹性	抗弯，抗剪不屈服	允许部分屈服；受剪截面满足截面限制条件
耗能构件	普通框架梁	弹性	允许部分屈服	允许大部分构件发生屈服；受剪截面满足截面限制条件

1）小震结果

（1）附加阻尼比计算结果如下。

根据《建筑抗震设计规范》（GB 50011—2010）消能部件附加给结构的有效阻尼比计算公式 $\varepsilon_a = \sum_j W_{cj} / (4\pi W_s)$，选取了5条强震记录和2条人工模拟加速度时程，结构消能器的平均附加阻尼比为0.13。所选7条地震波弹性计算结果如表3.9-3所示。

阻尼器结果   表3.9-3

项目	X向	Y向
附加阻尼比平均值（%）	13.029	12.101
最大阻尼力（kN）	105	84
最大阻尼位移（mm）	2.1	1.7

（2）整体指标计算结果如表 3.9-4 所示。

增大阻尼比后，X 和 Y 向地震基底剪力分别减小 11%、21%，X 和 Y 向位移角分别减小 41%、49%。

设置阻尼器后，框架梁配筋无明显变化，而超过 60% 的框架柱配筋均有减少，减少幅度为 10%~40%，可有效地减少加固工程量。

整体指标结果   表3.9-4

	方向	阻尼比 0.05	阻尼比 0.20
反应谱地震作用下最大层间位移角	0°	1/443（5）	1/746（4）
	90°	1/320（4）	1/626（4）
地震下基底剪力（kN）	0°	1047.6	931.2
	90°	1282.4	1017.9

2）中震结果

结构消能器的平均附加阻尼比为 0.07。所选 7 条地震波的阻尼器计算结果如表 3.9-5 所示。

中震下阻尼器结果   表3.9-5

项目	X向	Y向
附加阻尼比平均值（%）	7.269	7.528
最大阻尼力（kN）	152	165
最大阻尼位移（mm）	8.4	8.0

3）大震结果

（1）地震波选取：罕遇地震时程分析选取 1 组人工波 RH4TG055（简称 R1）和 2 组天然波，包括天然波 TH1TG055（简称 T1）和天然波 TH4TG055（简称 T4），地震波峰值加速度为 187cm/s²，计算持续时间为 15s。

（2）阻尼器计算结果（表 3.9-6）。

阻尼器计算结果 表3.9-6

项目	X向	Y向
最大阻尼力（kN）	208	234
最大阻尼位移（mm）	28.1	39.2

（3）层间位移角结果如下：X 向层间位移角最大值为 1/65；Y 向层间位移角最大值为 1/118，小于 1/50，满足要求，具体曲线见图 3.9-6 和图 3.9-7。

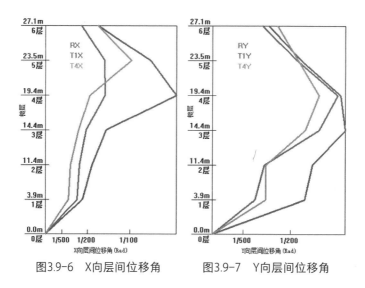

图3.9-6　X向层间位移角　　　图3.9-7　Y向层间位移角

（4）构件损伤结果如下：从图 3.9-8 中可看出，部分梁出现中度损坏，部分柱出现轻度损坏。

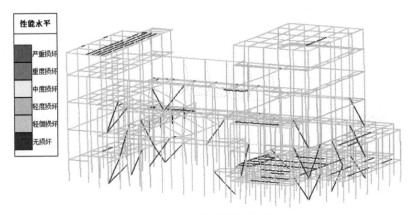

图3.9-8　构件损伤结果

5. 经济性论证

论证增设阻尼器对结构加固造价的影响，现将增大柱截面加固方案和增设阻尼器方案所需费用进行对比，对比结果见表3.9-7。

工程造价对比　　　　　　　　　　　　　　　　　　　　表3.9-7

加固方案	增大柱截面加固方案	增设阻尼器加固方案
工程造价（万元）	918.2	541.9

通过以上对比可知，相比增大柱截面加固方案，采用阻尼器加固方案总项目加固工程费得到有效降低，降低幅度约为41%。

6. 小结

采用外包型钢加固框架柱和增设黏滞阻尼方案，在小震作用下结构的最大层间位移角为1/626，满足规范限值要求，同时可有效减小加固工程量，缩短施工工期，降低造价。

3.10 空心楼盖结构的计算分析

1. 结构体系

该项目位于广东省中山市，塔楼高 95.95m，地上 22 层，裙房层数 2 层，高 10.5m；裙房为框架结构，塔楼为剪力墙结构，结构模型见图 3.10-1，空心楼盖布置见图 3.10-2。

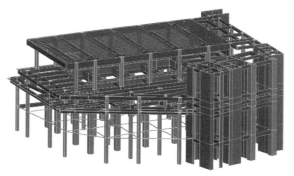

图3.10-1 三维计算模型

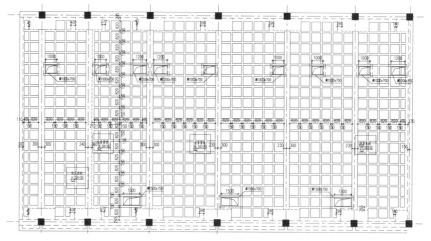

图3.10-2 空心楼盖平面布置

裙房 2 层框架跨度 18.4m，原方案采用梁板楼盖，梁高为 850mm，由于层高受限，不满足建筑功能要求。优化后的楼盖采用空心楼盖，楼盖厚 550mm，空心楼盖周边采用 500×1200 的框架梁，能满足建筑功能要求。

2. 计算结果

配筋结果见图 3.10-3，变形结果见图 3.10-4 和图 3.10-5，裂缝结果见图 3.10-6，冲切验算结果见图 3.10-7。

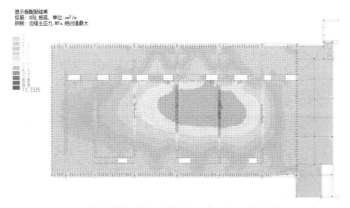

图3.10-3　空心楼盖肋梁底筋结果（最大配筋率为0.8%）

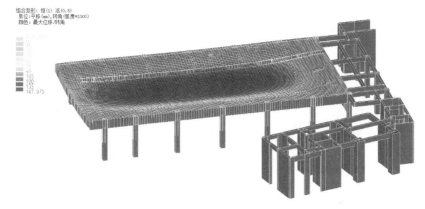

图3.10-4　准永久组合下竖向位移（最大竖向位移-148mm，对应挠度值为1/124）

图3.10-5　预应力单工况的竖向位移（约减小竖向位移22mm）

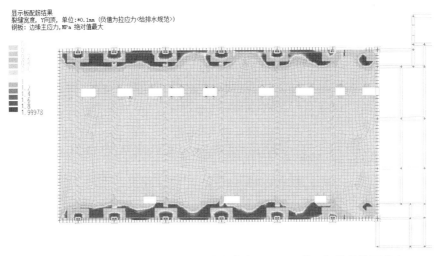

图3.10-6　顶部裂缝宽度（最大裂缝宽度为0.2mm，满足规范限值要求）

　　挠度值为1/124，大于规范限值1/300，采取施工预起拱和加预应力措施，可以解决挠度过大的问题。

　　采取预起拱0.4%（73.6mm）和施加预应力后，最终的挠度值为1/351，满足要求。

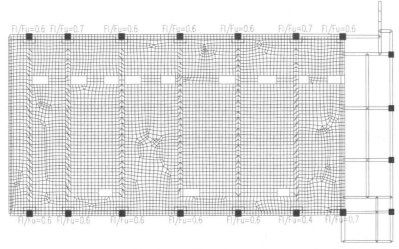

FI/Fu=0.6 FI/Fu=0.7 FI/Fu=0.6 FI/Fu=0.6 FI/Fu=0.6 FI/Fu=0.7 FI/Fu=0.6

FI/Fu=0.6 FI/Fu=0.6 FI/Fu=0.6 FI/Fu=0.6 FI/Fu=0.6 FI/Fu=0.4 FI/Fu=0.7

图3.10-7　柱帽抗冲切计算（最大冲切比为0.7，小于1.0，满足规范要求）

3. 小结

针对大跨度空心楼盖，当结构的挠度不满足要求时，可采用施工预起拱和加预应力措施解决挠度过大的问题。

3.11　既有建筑抗震鉴定的承载力验算方法

2009 年 7 月 1 日，国家颁布《建筑抗震鉴定标准》（GB 50023—2009），规范的实施为既有结构的抗震鉴定和加固提供了依据和方法支撑。在国内的历次地震中，进行抗震鉴定加固的建筑也表现出良好的抗震性能。然而，技术人员对抗震鉴定、抗震加固及其之间的关联认识仍然不够，大部分抗震鉴定人员未从事或了解过抗震加固过程，导致抗震鉴定后的加固工作量较大，甚至会带来适得其反的效果。本节针对建筑抗震承载力的验算方法进行比对，探讨计算方法的合理性。

1. B 类建筑抗震鉴定抗震承载力验算方法

《建筑抗震鉴定标准》（GB 50023—2009）（以下简称《抗鉴标》）中第 6.3.10 条规定，可采用两种方法对 B 类钢筋混凝土房屋进行第二级鉴定：

（1）现有钢筋混凝土房屋，可按《抗鉴标》第 3.0.5 条的方法进行抗震分析，即采用 $S \leqslant R/\gamma_{RE}$。其中，$\gamma_{RE}$ 按 1989 年版抗震设计规范进行取值。采用该方法，需要分别对承载力和抗震构造不足的构件进行抗震加固；

（2）当抗震构造措施不满足《抗鉴标》第 6.3.1~ 第 6.3.9 条的要求时，可按该标准第 6.2 节的方法计入构造的影响进行综合评价，即采用 $S \leqslant \phi_1 \phi_2 R$。其中，$\phi_1$ 为体系影响系数，ϕ_2 为局部影响系数。通过体系影响系数和局部影响系数对地震作用进行放大，考虑承载力和构造综合因素进行抗震加固。

2. 案例概况

某教学楼地上 6 层，无地下室，房屋总高度 21.7m，建筑面积约为 4000m^2。采用钢筋混凝土框架结构。委托方拟对结构进行加固改造，应委托方要求，对本项目建筑物进行结构可靠性及抗震鉴定。本房屋建于 20 世纪 90 年代初，房屋抗震设防类别为重点设防类，抗震设防烈度为 7 度，设计基本地震加速度值为 0.10g，抗震等级为二级。根据《抗鉴标》第 1.0.4 条及第 1.0.5 条，对本建筑采用 B 类建筑（后续使用年限 40 年）的抗震鉴定方法进行评估，即按 1989 年版抗震设计规范进行抗震鉴定。根据原设计图纸和现场检测结果，整体模型如图 3.11-1 所示。

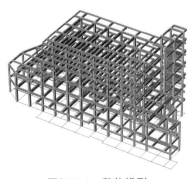

图3.11-1 整体模型

经第一级抗震鉴定，房屋的结构平面扭转规则性、部分轴压比等不满足抗震构造措施，填充墙与框架的连接不符合第一级鉴定要求。

3. 按《抗鉴标》第3.0.5条进行抗震鉴定分析

根据《抗鉴标》第 3.0.5 条的方法进行抗震分析，本项目存在较多轴压比不满足要求的柱构件，对轴压比不满足要求的柱构件和承载力不足的梁、柱构件，均应进行加固处理，后续抗震鉴定加固工作量较大。图 3.11-2 为 1 层柱及 2 层梁不满足抗震计算要求的构件示意图。

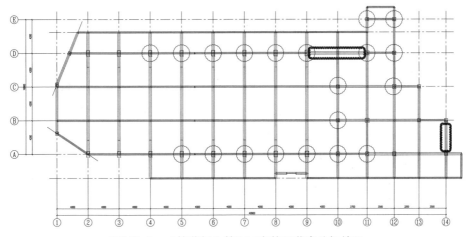

图3.11-2 《抗鉴标》第3.0.5条抗震鉴定分析结果
（粗云线构件为承载力不足构件，细云线构件为仅轴压比不足的柱构件）

4. 综合抗震能力评定法

考虑到本项目框架柱、框架梁承载力有较大富余量，部分框架柱实配钢筋比计算钢筋大 2 倍之多，采用综合抗震能力法进行评定分析。根据《抗鉴规》第 6.2.12、第 6.2.13 和第 6.3.13 条相关规定，本次体系影响系数和局部影响系数均设为 0.8。图 3.11-3 为 1 层柱及 2 层梁不满足抗震计算承载力要求的

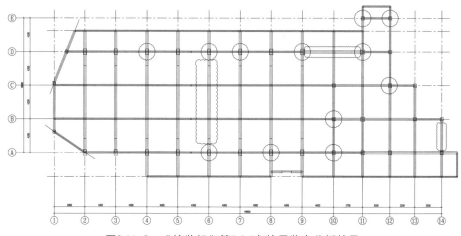

图3.11-3　《抗鉴标》第3.0.5条抗震鉴定分析结果
（圈出构件为承载力不足构件）

构件示意图，此时，柱轴压比上限值均未超过1.0，可不用考虑轴压比不足的柱构件（由于地震作用已进行放大，并将轴压比不足的情况综合反映到体系影响系数中，因此可仅考虑构件承载力）。

可以看出，在地震作用放大1.56倍后，由于柱和梁配筋较为富余，考虑构造不满足（包括柱轴压比不够）的综合影响后，略微增加承载力不足的构件，但抗震加固的构件数量减少，说明该方法具有更好的经济性。

5. 小结

综合抗震能力法用具体数据表示抗震构造对结构抗震承载力的影响，从而实现了综合抗震能力验算的量化，体现了抗震性能化设计的思想。采用该方法进行B类建筑抗震鉴定，可减少无序且繁多的抗震构造加固，使后续抗震加固更具针对性。

房屋检测鉴定案例 4

4.1 民国时期某别墅项目安全性鉴定

本项目中的房屋建于民国时期，为仿西洋古典式建筑的独立式低层住宅，以清水红砖墙、民国水刷石、西洋式风格为主要建筑特色。该房屋位于广州市现存规模最大、中西结合、低层院落式民居街区，是广东地区民国建筑的优秀代表，具有很高的建筑艺术价值，其平面布局、外立面造型、施工工艺、细部装饰处理等均对研究民国建筑具有重要意义。

图4.1-1 房屋现状图

房屋采用砖砌墙承重，楼盖、屋盖采用钢筋混凝土梁板承重，地上 3 层，无地下室，建筑面积（共3层）约 $396m^2$。相关图纸及验收资料缺失，仅知部分三层结构为后期加建。该房屋原结构设计主要功能为民宅，因使用方变更，后期将改造为办公楼，故需通过对既有房屋进行现场检测及结构验算对房屋结构的安全性进行评估。房屋现状情况见图 4.1-1。

1. 现场检测

该房屋已使用近 90 年，属于文物保护建筑，为减少对构件承载力的影响，本次采取无损检测的方式对房屋进行检测，检测内容如下：

（1）调查检测房屋主体结构形式、轴线布置、构件尺寸等，复原房屋建筑图及结构图，供后期装修改造使用。

（2）对承重墙采用回弹法确定砖抗压强度、贯入法检测砂浆抗压强度。

（3）对混凝土楼板进行回弹法检测混凝土抗压强度、碳化深度检测、钢筋配置测定等基础项目。

现场检测过程见图4.1-2。

（4）对房屋地基基础、上部承重结构、围护结构三大部分的损伤现状进行详细检查、检测；重点对构件目前存在的损伤进行记录观察；对部分构件装修层进行剔凿，判断其裂缝是否为结构裂缝等。

检测结果显示，房屋主体结构无明显倾斜；部分承重墙存在开裂、表面破损；部分承重墙因安装防盗门进行开槽；二层板底剔凿抹灰层后发现钢筋外露情况。

现场损伤情况见图4.1-3。

（a）回弹法检测楼板混凝土抗压强度

（b）回弹法检测承重墙砌体抗压强度

（c）混凝土碳化深度检测

（d）楼面附加恒载确认

图4.1-2　部分现场检测过程图片

（a）局部承重墙表面破损　　　　　（b）承重墙上开槽情况

（c）二层板底露筋　　　　（d）首层砌体承重外墙开裂
　　　　　　　　　　　　（裂缝最大宽度为 2mm）

图4.1-3　房屋现场损伤检查情况

2. 技术分析

依据检测结果及复原图纸对房屋进行建模验算承载力。根据模型计算得出，墙体承载能力满足要求。计算模型示意见图 4.1-4。

经现场观察，该房屋承重构件使用情况良好，未发现承重构件出现明显变形、开裂等影响构件承载能力的情况，参考《民用建筑可靠性鉴定标准》（GB 50292—2015）第 3.5.1 条，房屋可保持目前使用荷载继续使用。

经现场检测，承重墙墙体和砂浆已发生轻微风化、粉化，局部砂浆疏松脱落，混凝土楼板碳化深度均超出混凝土保护层厚度，钢筋存在锈蚀的风险，对房屋结构耐久性造成较大影响。

图4.1-4　主体结构计算模型

3. 关于改造可行性的评估

根据业主提供的后期装修改造平面图，房屋的结构布置及附加恒载未发生改变，新增会议室、沙龙区等可能造成人员密集的区域。对于改造后可能存在上部人员密集的大跨度楼板，建议对该位置楼板进行结构加固处理；其余位置跨度较小的楼板可在保持原荷载的情况下继续使用。

4. 小结

对于民国时期的文物保护建筑，本次在不影响原结构的情况下完成了对房屋受力性能的检测鉴定。根据现场检查、检测及软件计算分析，针对现有的损伤情况，对需要处理的部位（现状出现的损坏情况、改变使用功能后受力增大的构件等）提出了切实可行的处理建议；考虑到本项目使用时间较久，房屋结构已出现了一定程度的劣化，房屋使用者后续应在使用中定期进行检查。

4.2　清朝同治年间的古村落建筑可靠性鉴定

我国地大物博，拥有丰厚的历史文化积淀，很多先人居住过的地方经过岁月的冲刷仍然保留至今，成为一座座古村落镇或古村落。传统村落中蕴藏着丰富的历史信息和文化景观，是中国农耕文明留下的巨大遗产。现存许多古村落保留了较大的历史沿革，即建筑环境、建筑风貌、村落选址未有大的变动，具有独特民俗民风，虽经历久远年代，但至今仍在为人们服务。他们作为一种文化遗产，不仅存在巨大的经济价值，还有突出且普遍存在的历史、社会、文化价值。它兼有物质与非物质文化遗产特性，而且这两类遗产在村落里互相融合，互相依存，同属一个文化与审美的基因，是一个独特的整体。

为突出其文明价值及传承的意义，发掘活化非物质文化遗产，延续原生态的生活气息、传统习俗和风土人情，让优秀传统文化焕发生机，既要保护古村落建筑本体、整体风貌和周边环境，又要传承蕴含其间的历史文化，这些都是古村落保护与利用的重要内容和紧迫而长期的任务。

本节结合一个实际工程，根据工程需要及建筑现状，谈谈如何检测、鉴定古建筑。

1. 工程概况

本项目共有 50 多栋房子，每栋的建筑面积约 $130m^2$。根据现场调查约建设于 100 多年前，为居住用途，现房间空置。采用青砖砌体墙承重，楼盖、屋架为木结构。建筑外立面及内部结构构件现状照片见图 4.2-1。

2. 现场检测内容

为发掘活化非物质文化遗产，本项目房屋拟进行修缮改造，通过对房屋进行结构可靠性检测鉴定，为房屋后续的修缮和改造提供依据，因此针对本工程，制定表 4.2-1 的检测内容（这里仅粗略概括）。

3. 计算分析

该建筑群主体为砌体结构，用途为居民楼（现空置），但每一栋的结构

（a）古建筑部分装饰雕饰外观

（b）古建筑巷子现状

（c）主楼屋面瓦片

（d）天井两侧房间屋顶压混凝土石块及部分装饰雕饰细节

（e）部分建筑墙体改为夯土墙

（f）部分木梁腐朽严重

图4.2-1　部分建筑现状图示

（g）建筑内部木梁及木檩条现状

（h）部分木梁腐蚀严重

（i）部分房屋采用工字形混凝土梁及混
凝土檩条

（j）部分天井两侧改用混凝土屋面

（k）某私塾屋顶现状

（l）内部结构

图4.2-1 部分建筑现状图示（续）

检测内容	表4.2-1
全数检测项目	构件尺寸信息、砌体构件损伤情况、结构形式、结构布置等
抽检项目	地基基础勘察、木梁裂缝深度检测、砌体抗压强度检测、砂浆抗压强度检测等

形式不尽相同，在长期的使用过程中，不同房屋在历史不同时期进行过改造、修缮，每一栋都有自己的特点。因此，在计算分析过程中，设计人员根据现场检测所得数据（砖强度等级、砂浆抗压强度等级等的实测值）运用盈建科软件进行建模计算，基本风压取 $0.5kN/m^2$。该项目进行第二级鉴定时体系影响系数取 0.7，局部影响系数取 1.0，对于瓦屋面，仅考虑自重；若是混凝土屋面，应按照实测板厚进行计算。

计算结果中，抗压能力、局部承压能力及高厚比均满足现有规范要求，且房屋综合抗震能力均满足 A 类建筑抗震鉴定要求。图 4.2-2 为部分房屋计算模型展示。

4. 小结

由于房屋年代较为久远，砌体结构连接构造和构件裂缝等级均评为 d_u；木构件裂缝、危险性的腐朽和虫蛀等级均评为 d_u；故房屋上部承重结构按承载功能的子单元安全性等级为 D_u。因此，经过鉴定，本项目中多数房屋可靠性鉴定等级均为Ⅳ级，本建筑群存在的问题主要有以下几点。

（1）部分房屋屋面现场检查发现局部破损；现场检查发现部分墙体微裂缝；多数房屋天井两侧房间部分墙体发霉，出现表面风化、破损等现象；且现场检查发现纵、横墙交接处未设拉结筋，交接处已出现开裂现象。

（2）现场检查发现多数房屋木梁发霉、腐朽较为严重，且存在裂缝较多，现场抽检部分木梁最大裂缝深度已经达到 7.5cm，超过截面深度的一半；部分木梁腐朽损坏，截面上的腐朽面积超过原截面面积的 15%，截面削弱较为严重；部分木梁及木檩条腐朽损坏较为严重；木梁与砌体直接接触，未设置

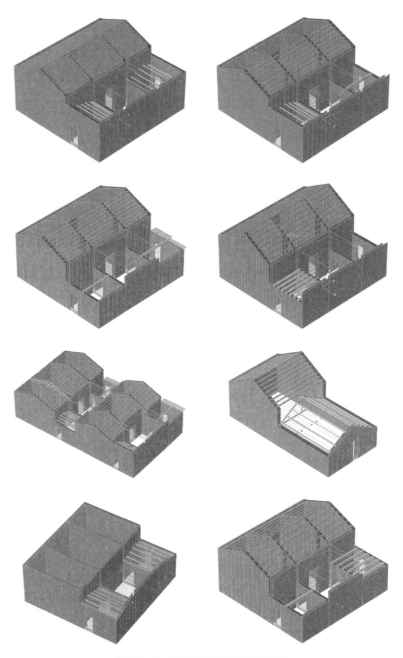

图4.2-2　部分房屋计算模型图示

防潮层，支座处未做可靠锚固，依靠青砖和砂浆填充以防止其侧向位移。

（3）对整体牢固性进行判断，房屋未设置圈梁和构造柱；天井周围墙体的砌块和砂浆均出现较大范围腐蚀发霉，由于天井处无遮挡，腐蚀有发展趋势；部分装饰雕饰已损坏等。

4.3 "华南教育历史研学基地"老旧自建房鉴定

2019年6月，南粤古驿道网、广东省"三师"专业志愿者委员会、广东省文物考古研究所、华南理工大学、中山大学等多位工作人员在西京古道乐昌段开展工作调研时，在坪石一带发现了极具历史价值与文化价值的抗战时期的华南教育历史遗址、遗迹，由此揭开了华南教育历史研学基地建设的序幕。

由于这些房屋大多为砖木结构，且空置多年，现状损伤较为严重，需对目前存在的问题进行排查鉴定。

1. 工程概况

本次参与改造的房屋有数十座，大多为砖墙竖向支撑木梁、木板作为楼盖、屋盖承重，房屋现状情况详见图4.3-1；本次鉴定主要包括以下两项工作，为房屋的修缮改造提供依据：

（1）由于房屋均无原始资料，故需要对房屋现状的平面、立面进行测绘及复原；

（2）房屋使用年限较久，大多空置缺乏维护保养，故需要对结构和构件的损坏情况进行检测鉴定，准确判断房屋结构的安全性，有效排除房屋隐患及其他不稳定因素。

图4.3-1　部分房屋外观现状

2. 现场调查检测

（1）地基基础：检测各栋建筑物的沉降差、倾斜情况，判断其是否存在不均匀沉降。

（2）测绘及复原结构布置：包括检测梁（含圈梁）、柱（含构造柱）、砖墙等结构或构件的截面尺寸、楼板厚度、抽检基础形式等，房屋结构测绘图纸示例见图4.3-2。

（3）检测材料强度，即梁、板、柱、基础的混凝土强度，砌体墙砌块和砂浆的强度。

（4）上部结构损伤检查：主要包括对主体结构各类构件进行详细调查，观察构件是否存在构件开裂、变形、位移、倾斜、渗漏及损伤，并详细记录调查结果。

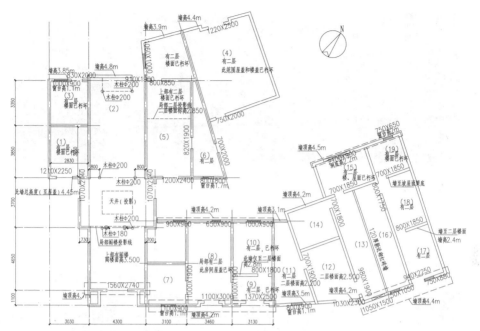

图4.3-2 房屋结构测绘图纸示例

3. 上部损伤情况调查

经现场调查检测，本批次房屋大多出现了不同程度的材料老化、墙体开裂、虫蛀腐蚀等问题，现场损伤情况见图 4.3-3。

4. 技术分析

1）建模计算

使用盈建科软件对房屋进行建模计算，计算模型示意见图 4.3-4。

2）房屋安全性、危险性鉴定

本次鉴定根据现场检查、检测及软件计算分析，依据《民用建筑可靠性鉴定标准》（GB 50292—2015）出具房屋安全性鉴定报告；对结构已严重损坏或者承重结构已属于危险构件、随时可能丧失稳定和承重能力、不能保证居

（a）材料老化,砖墙粉化,　　（b）承重砖墙开裂　　（c）木结构虫蛀、腐朽　　（d）砖墙缺损、倾斜
　　砖块脱落

图4.3-3　房屋结构损伤情况

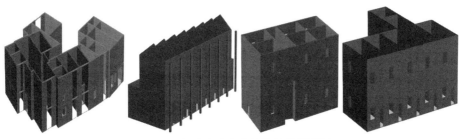

图4.3-4　部分房屋主体结构计算模型图

住和使用安全的房屋，依据《危险房屋鉴定标准》（JGJ 125—2016）出具房屋危险性鉴定报告。

5. 小结

在本次鉴定中，通过对本批次数十座使用近100年的老旧砖木房屋进行检测鉴定，在不拆除原结构的前提下，对后续修缮改造提出合理的处理意见，保障房屋的可靠使用。"华南教育历史研学基地"已在韶关乐昌坪石正式挂牌，标志着广东省活化内迁高等院校的遗址遗迹、谋求粤港澳大湾区教育合作迈出了关键性一步。

4.4 社区医院的抗震鉴定

提到社区医院，想必大家并不陌生。通俗来讲，社区医院是属于一个社区的卫生医疗服务机构。国家现在大力发展社区医疗服务体制，让小病能够在家门口就能解决，大大缓解了人民群众的就医压力和大医院的医疗服务压力。既然社区医院关乎民生问题，那么它的楼房安全性排查工作就显得十分重要。

下面结合一个社区医院的楼房检测鉴定案例为大家分享相关内容。

1. 项目概况

该项目房屋地上共 5 层，首层至四层约建于 20 世纪 60 年代，第五层约加建于 80 年代，无地下室，为砖混结构。经调查，房屋主体结构采用 180mm 厚砖墙承重，首层部分混凝土柱承重，现浇钢筋混凝土楼面及屋面，现房屋已超出 50 年设计使用年限，且后期拟进行升级改造，部分房间布局及使用功能或将发生改变，为了解该房屋的结构安全及抗震性能，编者应委托方要求，对本项目建筑物进行结构可靠性及抗震鉴定。

2. 现场检测内容

检测项目主要包括地基基础勘查、结构基本情况勘查、构件尺寸及性能检测、损伤检查、钢筋配置检测等。

（1）现场检查情况见图 4.4-1。

（2）现场检测结果显示，混凝土梁、板构件的碳化深度均大于混凝土保护层厚度，混凝土碳化较为严重，开凿的构件内部钢筋均已出现锈蚀现象，见图 4.4-2。

（a）屋面层梁底部露筋，钢筋锈蚀严重　　　（b）屋面层板底部露筋，钢筋锈蚀严重

（c）四层开凿检测处墙体采用黄泥砂浆　　　（d）二层开凿检测处墙体砂浆缺失

（e）大部分板底钢筋开凿部位均已锈蚀　　　（f）三层板楼板底部多处渗漏

图4.4-1　部分现场检查情况

3. 计算分析

下面简要阐述计算分析过程。根据建筑结构实测参数进行建模计算，其中基本风压取 0.5kN/m²，地面粗糙度为 C 类，梁板柱抗压强度根据钻芯法检

测结构推定而得，混凝土强度推定值为 14~18MPa；混凝土结构梁、柱、板、墙自重由软件自动计算，楼、屋面荷载、隔墙恒载等根据现场实际情况调查取值。经过计算，1~3 层墙体存在较多部位局部承压及抗压能力不满足要求，4~5 层部分墙体不满足要求；3、4、5 层楼板已有 30% 不满足承载能力要求等。建立的计算模型见图 4.4-3。

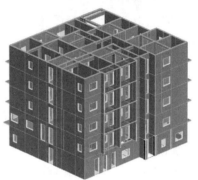

图4.4-2　构件开凿后钢筋检测情况　　　图4.4-3　房屋结构模型

4. 抗震评估

根据《抗鉴标》对本建筑的抗震能力进行鉴定。房屋设防烈度为七度，设计基本地震加速度值为 0.10g，抗震设防分类为乙类设防类。根据《抗鉴标》第 1.0.4 条及第 1.0.5 条，由于本房屋的建筑年代约为 20 世纪 60 年代，并于 80 年代末加固改造，对本建筑采用 A 类建筑（后续使用年限 30 年）的抗震鉴定方法进行评估。

根据《抗鉴标》，本项目房屋第一级抗震鉴定存在砂浆强度小于 M1 等多项明显不符合要求的情况，采用综合抗震能力指数的方法对房屋进行第二级鉴定，第二级鉴定体系影响系数取 0.64，局部影响系数取 1.0。结果显示：第二级鉴定中各楼层的综合抗震能力指数均小于 1.0，因此本房屋被评定为综合抗震能力不满足 A 类建筑抗震鉴定要求。

5. 鉴定结论

由于该房屋已使用接近 60 年，主要构件中有超过 50% 的构件承载力不满足现行规范要求，相关构件承载力评级为 d_u；部分梁、板露筋且锈蚀严重，砌体构件部分出现砂浆粉化等损伤，结合本次鉴定检查到的各类损坏现状综合判断，该房屋的可靠性鉴定等级均为Ⅳ级。

根据《抗鉴标》，房屋综合抗震能力不满足 A 类建筑抗震鉴定要求，应对房屋采取加固或其他相应措施。

6. 小结

由于检测鉴定与加固设计之间存在紧密联系，如果在项目中采用检测鉴定、加固设计的全面协同作业，将发挥检测鉴定与加固设计一体化的优势，提升设计效率和质量，并且可为业主节省工期。

（1）既有建筑结构的检测鉴定、加固设计一体化改造将两者的前期准备工作进行了有机的结合，二者相辅相成，可有效节省加固时间、沟通成本和工作量。

（2）现场检测人员可及时向加固设计师提交检测数据，方便加固设计师提前进行结构计算分析，并共同参与到结构检测鉴定的过程中，提前熟悉并了解现状存在的问题，使得加固设计更具有针对性。

4.5 中小学校教学楼扩建的抗震鉴定

随着社会发展，城市人口数量不断攀升，随之而来就是大量的学位需求。尤其是在大型城市中，大部分于 20 世纪 90 年代以前建造的中小学校规模已经不能满足如今的使用要求，但是这些学校多数位于市区中心，基本没有可以用来新建大楼的规划用地。那么如何在有限的空间里增加建筑物的使用面积，就成为一大难题。下面结合某学校的检测鉴定案例给大家分享一下相关内容。

1. 项目概况

该项目建筑物最高层数为 5 层，建于 20 世纪 90 年代，为钢筋混凝土框架结构。本建筑物存在两条结构缝，将整栋楼分为三部分，层高约分别为 3.9m、3.3m，建筑面积约 5000m²，采用现浇钢筋混凝土楼面及屋面。现主要用作小学教学楼。

为满足后续使用要求，本建筑物拟在保留原结构的基础上，往外扩建一跨，增加原有教室的使用面积，增大学生课后活动空间。应委托方要求，为确保更新改造安全，且为改造提供数据支持，我们对建筑物整体进行可靠性鉴定及抗震鉴定。后续改造方案示意见图 4.5-1。

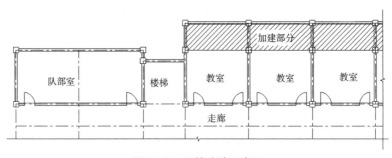

图4.5-1 后续改造示意图

2. 现场检测内容

由于该建筑物原始结构图纸缺失，针对本项目的主要检测项目包括地基基础勘查、结构基本情况勘查、构件尺寸及性能检测、损伤检查、材料强度检测、钢筋配置检测等，且重点检查改造区域周边的结构构件。

（1）现场检查、检测情况见图 4.5-2。

（2）经现场检测，混凝土柱、梁、板构件的碳化深度为 3~7mm，柱、梁、板保护层厚度分别为 30mm、25mm、15mm，构件碳化深度均小于混凝土保护层厚度，开凿后未发现钢筋出现锈蚀情况。

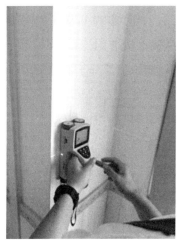

（a）钢筋直径测量　　　　（b）房屋倾斜度测量

（c）构件截面尺寸测量　　　（d）开凿钢筋直径测量

图4.5-2　部分现场检查、检测情况

（3）现场用钻芯法随机抽检134个混凝土构件，58个混凝土柱构件，43个混凝土梁构件，33个混凝土板构件。结果显示，该批次的混凝土抗压强度实测值均达到C25以上。抽检的混凝土芯样照片见图4.5-3。

3.计算分析

下面简要阐述计算分析过程。根据建筑结构实测参数进行建模计算，其中基本风压取 $0.5kN/m^2$，地面粗糙度为 C 类，梁板柱抗压强度根据钻芯法检测结构推定取值，混凝土强度推定值为25.2~32.0MPa；混凝土结构柱、梁、板自重由软件自动计算，楼、屋面荷载、隔墙恒载等根据现场实际情况调查取值。

计算结果显示：该建筑物结构柱的承载能力满足要求，但部分结构梁的承载能力不满足要求，大部分板的承载能力满足要求。建立的计算模型简图见图4.5-4。

图4.5-3　混凝土芯样照片

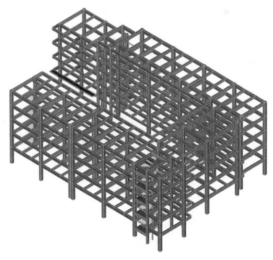

图4.5-4　结构计算模型简图

4. 抗震评估

根据《抗鉴标》第 1.0.4 条及第 1.0.5 条，对本建筑采用 B 类建筑（后续使用年限 40 年）的抗震鉴定方法进行评估。

本建筑物抗震设防类别为重点设防类，抗震设防烈度为 7 度（重点设防类应按高于本地区抗震设防烈度一度的要求加强其抗震措施），设计基本地震加速度值为 0.10g，抗震等级为框架二级（按 8 度查表）。

根据《抗鉴标》，本项目房屋抗震构造措施核查中，有个别项不满足要求（如梁箍筋间距）；房屋在地震作用下的层间位移角计算结果满足规范要求；在地震作用下，个别构件承载力不满足要求。

5. 鉴定结论

由于该房屋的原始结构设计图纸缺失，现状下房屋部分结构构件处于隐蔽状态（部分房间存在装饰吊顶),无法对处于隐蔽状态的构件进行全数检测，针对本次鉴定检查检测到的各类数据综合判断，该房屋局部结构的可靠性鉴定等级为Ⅳ级。

根据现行国家标准《建筑抗震鉴定标准》（GB 50023—2009）及抗震鉴定结果可知，房屋存在部分不满足构造及承载力要求的构件。

6. 小结

随着时代的发展和社会的进步，旧建筑物越来越多，建筑物原有的建筑功能布置情况已经很难满足使用方日渐增长的需求，所以旧建筑物的更新改造需求增加。对旧建筑物进行更新改造，可以节约城市的发展空间，减少建筑垃圾的二次污染，并为业主提供更加经济环保的选择。为了确保更新改造的安全性，在更新改造前，对建筑物进行全面的检测鉴定，是一道必不可少的工序。

4.6 使用超50年某大厦检测鉴定

本工程位于广州市，建于 1964 年，分为主楼、饭堂一、饭堂二、车库等四个独立楼栋，各楼栋均为钢筋混凝土框架结构，总建筑面积约为 12923m²。

由于本项目使用年限已超过 50 年，委托方提出需要全面了解建筑物的安全性能和使用性能，故对结构的可靠性做出鉴定。本次鉴定主要通过对主体结构的现场检测、有关资料分析及结构验算，分析该栋建筑物的工程质量，并对存在的问题提出处理意见及建议。

1. 现场检测

（1）结构基本情况勘查：现场勘查发现，饭堂和车库分为原有结构与加建部分，使得首层与二层建造年代不同，建筑物各组成部分具体情况见图 4.6-1。

（2）对建筑物进行地基基础及主体结构变形测量、上部结构损伤情况检测、构件强度、尺寸及钢筋检测等检测工作，现场检测过程见图 4.6-2。

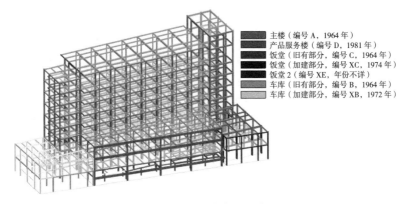

主楼（编号 A，1964 年）
产品服务楼（编号 D，1981 年）
饭堂（旧有部分，编号 C，1964 年）
饭堂（加建部分，编号 XC，1974 年）
饭堂 2（编号 XE，年份不详）
车库（旧有部分，编号 B，1964 年）
车库（加建部分，编号 XB，1972 年）

图4.6-1 建筑物各部分示意图

（b）现场检测发现板筋有外露现象

（a）全站仪倾斜测量　　（c）抽芯检测发现　（d）钢筋配置扫描检测
　　　　　　　　　　　　混凝土内部缺陷

图4.6-2　现场检测过程

2. 技术分析

依据《民用建筑可靠性鉴定标准》（GB 50292—2015），对建筑物等级进行详细的分析评定，具体工作流程见图4.6-3，竖向荷载下主楼结构变形如图4.6-4所示。

3. 小结

本次鉴定根据现场检查、检测及软件计算分析，依据《民用建筑可靠性鉴定标准》（GB 50292—2015），对建筑物进行等级评定，并针对需要处理的

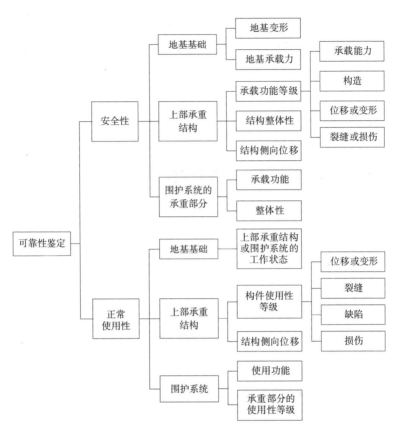

图4.6-3 鉴定工作流程示意图

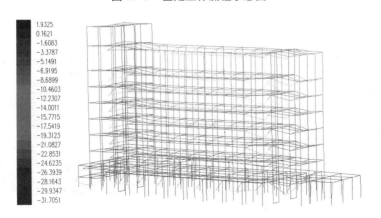

图4.6-4 主楼结构变形图（恒载+活载）

部位（部分评定等级为 d_u 级的构件）提出了切实可行的建议，并根据《抗鉴标》的要求进行抗震构造措施核查，为房屋的后续安全使用提供了合理的评估结论及处理方案。

4.7 拆除夹层结构的抗震鉴定

　　夹层是位于两个自然层之间的楼层，是房屋内部空间的局部层次，如一栋房屋从外部看是两层楼房，从内部看是三层，这三层中间的一层就叫作夹层。夹层结构一般分为建筑物原有的夹层（通常为混凝土结构，见图 4.7-1a）及建筑物后加建的夹层（通常为钢结构，见图 4.7-1b）。

　　对于建筑物原有的夹层结构，如果进行拆除，可能会对建筑物的承载效果、抗震能力有一定的不良影响，需要对其进行计算复核。对承载能力不足的部位，应采取相应的加固处理措施。下文将针对拆除原有夹层结构的建筑安全鉴定，进行计算分析案例分享。

（a）混凝土结构夹层　　　　　　　　　　（b）钢结构夹层

图4.7-1　常见夹层示意

1. 项目概况

建于 20 世纪 90 年代的某建筑物，为地上六层钢筋混凝土框架结构，用途为学校，建筑物总高度为 24.5m，建筑面积约 4000m²。其中，该建筑物首层存在局部钢筋混凝土夹层结构，首层层高 4.5m，夹层楼板面标高 +1.600m，立面示意见图 4.7-2。

为确认拆除夹层结构对主体结构造成的影响，应委托方要求，通过对全楼主体结构的现场检测和有关资料分析及结构验算，对结构的可靠性和抗震性能进行评估，并对发现的问题提出合理的处理意见。

```
+24.500
+20.500    六层
+16.500    五层
+12.500    四层
+8.500     三层
+4.500     二层
                        夹层
                        +1.600
± 0.000   首层
                        -1.000
```

图4.7-2　首层与夹层
关系示意图

2. 现场检测及计算分析

根据现场检测鉴定数据，对该建筑拆除夹层前、后进行建模验算（图 4.7-3、图 4.7-4）。

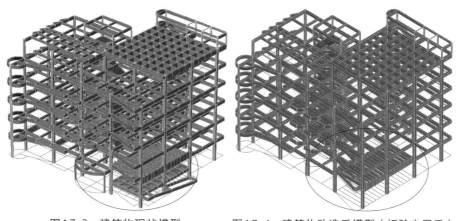

图4.7-3　建筑物现状模型　　　图4.7-4　建筑物改造后模型（拆除夹层后）

下面简要阐述计算分析过程：根据建筑结构实测参数进行建模计算，其中该建筑物所在地区基本风压为 0.5kN/m²，地面粗糙度为 C 类，梁、板、柱抗压强度根据钻芯法检测结构推定取值，混凝土强度推定值为 22.9~25.3MPa；混凝土结构柱、梁、板自重由软件自动计算，楼、屋面荷载、隔墙恒载等根据现场实际情况调查取值。

计算结果对比情况如下：拆除夹层结构后，该建筑物首层结构柱承载能力不满足要求的构件数量减少（夹层结构周边），其余承载能力不足的构件位置及数量基本不变。

小结：在拆除夹层结构后，该建筑物减少了建筑荷载，通过计算，该夹层结构周边承载能力不满足要求的构件数量也相应减少，这对建筑正常使用状态是有利的。

3. 抗震评估

下面根据《抗鉴标》对本建筑采用 B 类建筑（后续使用年限 40 年）的抗震鉴定方法进行评估。

本建筑物使用功能为学校，抗震设防类别为重点设防类，抗震设防烈度为 7 度（重点设防类应按高于本地区抗震设防烈度一度的要求加强其抗震措施），设计基本地震加速度值为 0.10g，抗震等级为框架二级（按 8 度查表）。

计算结果对比情况如下：拆除夹层结构后，根据《抗鉴标》，本项目房屋抗震构造措施核查中，建筑物扭转的影响进一步加大（首层位移比由 1.30 增大至 1.48），其余抗震措施不满足的项目基本不变；在地震作用下，构件轴压比不满足的数量明显减少。

当该建筑物遭受地震作用时，相比不拆除夹层，建筑在拆除夹层结构后，会进一步加大结构扭转的不规则性，使得建筑更容易遭受地震破坏，这对建筑的抗震性能不利。

4. 小结

在本次分享的计算案例中，虽然拆除夹层结构减少了建筑物的整体荷载，看似对结构承载有利。但是，在抗震性能方面，拆除结构对建筑物的影响可能背道而驰。这是由于地震作用对房屋整体性的影响是多面的，我们不能用自己固有的知识去思考问题，应科学地分析地震作用对建筑物的影响。

4.8 钢结构与钢结构厂房鉴定

1. 钢结构的特点

钢结构已成为现代建筑工程中主要的承重结构体系之一。钢结构具有如下特点。

（1）钢材强度高，结构质量轻。钢材的强度远高于混凝土和砌体结构，故在大跨度结构、超高层建筑、高耸结构和重型工业厂房或荷载很重的结构中，钢结构是理想的结构材料选择。同时，由于钢结构质量轻，可减轻基础的负荷，降低地基、基础部分的造价，可增大使用面积、缩短施工周期、减少运输费用等。

（2）钢材具有良好的塑性和韧性。钢材的良好塑性可使结构在稳定的条件下不会因超载而突然发生断裂现象，这是其保证结构不致倒塌的优良性能。此外，钢结构尚能将局部高峰应力重分配，使应力变化趋于平缓。而良好的延性可使结构对动荷载的适应性变强，是建筑钢结构在冲击荷载和重复荷载或多轴拉应力作用下具有可靠性能的保障。同时，由于钢材有良好的塑性和延性，抗震设防的建筑钢结构能充分吸收能量，减弱地震反应，大大提高结构的抗震性能。对唐山和汶川震害的调查表明，即使在震中附近的高烈度区，全钢结构建筑物震害也是很轻的。

（3）钢材材质均匀，接近于各向同性体，是理想的弹塑性材料。钢结构的实际受力状态与按力学计算的结果比较契合，计算方面的不确定性较小，计算结果可靠。

（4）钢材虽然不会像木头那样燃烧，但是受热以后强度会下降。随含碳量的不同，其强度的下降程度也略有不同。大体上，温度在500℃时，强度下降约一半，温度在1500℃时便会熔解（该温度叫作熔点）。钢材受热以后，会如同软糖般柔软弯曲。由于钢材的耐热性能差，作为结构材料使用时，通常需要外包防火材料，就是为了不让钢材直接受热。

（5）钢材的耐水性能弱。钢材会生锈，之后其强度会下降，最终会受到破坏。由于钢材的耐水性差，所以通常用混凝土包裹。例如，在房屋的基础和地下室等与土壤接触的结构部分，一般采用钢筋混凝土结构，而不采用钢结构。即便是地上部分，钢结构也需要涂刷防锈材料，或者在钢构件周围外贴防锈材料，这样可避免钢构件直接接触雨雪等潮湿环境。

钢材的弱点就是易腐蚀和耐火性差。采用钢材，首先要考虑的问题就是远离火与水。但是，为什么混凝土里面的钢材不会生锈？

铁在水中会发生氧化反应，产生氧化铁。这种反应会在酸性环境中加速进行，在碱性环境中会停止。混凝土是碱性材料，由于在碱性环境中钢材不会生锈，因此，在混凝土中的钢材也就不会生锈。空气中的二氧化碳或者酸雨，会使混凝土从表到里发生中性化。混凝土发生中性化，则里面的钢材就会生锈。钢材生锈，其体积会膨胀，造成周围混凝土发生破坏。这种现象称为混凝土胀裂。当然，只要没有水，即便混凝土发生中性化，钢材也不会生锈。把钢柱柱脚用混凝土包裹好，则即使钢材在土中，也不容易生锈。因此，在有可能接触到水的部位，使用混凝土予以包裹，可以消除钢材生锈的顾虑。

2. 常用的 H 型钢的摆放方法

采用 H 型钢作为梁构件，摆放 H 型钢时，上、下翼缘板呈水平方向。这是因为梁以弯曲变形为主，当 H 型钢上、下翼缘板呈水平方向摆放时，大部分截面位于离中和轴最远处，可以有效抵抗因弯曲变形引起的截面上下伸缩变形。在材料的截面中，离中和轴越远，其伸长或压缩越大。尽量使材料截面位于离中和轴最远处，则抵抗变形的效果最佳。因此，H 型钢的强轴和弱轴见图 4.8-1。

如图 4.8-2 所示，采取上、下翼缘板呈水平方向的摆放形式，由上、下翼缘板抵抗伸缩变形，整体梁的弯曲变形就小得多。此时，腹板只起连接作用，不参与抵抗弯曲变形的工作。

如果采取腹板呈水平方向的摆放形式，那么整个截面都与中和轴连接在一起，使得小部分截面位于离中和轴最远处。这样一来，截面各个部分的变形都较小，抵抗伸缩的能力下降。在较小的弯矩作用下，梁也很容易产生较大的弯曲变形。这种摆放方式无法使截面实现较大伸缩，只能使截面处于较小的伸缩范围内。

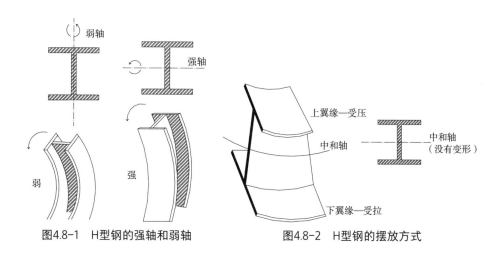

图4.8-1 H型钢的强轴和弱轴   图4.8-2 H型钢的摆放方式

设计梁时，应采取上、下翼缘板呈水平方向的摆放形式，是为了提高梁的抗弯曲能力。在抵抗弯曲方面，利用较薄的腹板连接上下较厚的翼缘板，是较为理想的摆放方式。

因此，翼缘板位于上下边缘，可以抵抗较大变形，即抗弯能力强。

图4.8-3　钢结构建筑立面照片

3. 钢结构鉴定案例分享

某钢框架结构，六层，原作厂房使用，现空置，后期拟加固改造使用。其立面图见图 4.8-3。

1）现场检查检测工作情况

（1）原结构图的复原。由于建筑物图纸缺失，构件的尺寸、布置、传力路径等必须复原。结构布置现场检查情况见图 4.8-4。

（2）上部结构检查情况：现场对该建筑物上部结构进行检查后表明，该建筑物部分构件存在锈蚀现象，首层柱和斜撑构件存在严重锈蚀、层状剥落现象（图 4.8-5），部分支撑构件缺失。

（3）节点连接检查情况：现场对该建筑物结构构件节点连接情况进行检查，结果表明，该建筑物柱底采用地脚螺栓与基础连接，支撑与柱采用焊接连接。

（4）非结构构件检查情况：现场对该建筑物非结构构件情况进行检查，结果表明，该建筑物部分楼梯扶手构件存在严重锈蚀现象，部分设备、管道存在严重锈蚀现象。

（5）钢材强度检测：采用里氏硬度法检测钢材强度，结果表明，该建筑物所使用的钢材符合 Q235 级钢材强度标准。

（6）构件尺寸检测：现场对该建筑物结构构件尺寸进行普查，结果

（a）首层结构布置检测情况

（b）首层楼梯布置检测情况

（c）二层结构布置检测情况

（d）二层楼梯布置检测情况

（e）三层结构布置检测情况

（f）悬挑位置结构布置检测情况

（g）立面布置检测情况

图4.8-4　结构布置现场检查情况

（a）柱脚及斜撑锈蚀情况　　　　　　　　（b）柱脚锈蚀情况

图4.8-5　柱脚结斜撑锈蚀情况

图4.8-6　计算模型简图

表明，该建筑物柱尺寸主要为槽钢32a+工字钢32a+焊接钢板，梁尺寸主要为 H1200mm×400mm×16mm×28mm、H1100mm×400mm×16mm×28mm、H600mm×200mm×10mm×15mm、H300mm×150mm×6.5mm×9mm。

（7）焊缝质量检测：现场采用超声波法对该建筑物焊缝质量进行检测，结果表明，该建筑物焊缝质量满足二级焊缝质量要求。

（8）涂层厚度检测：现场采用涂层测厚仪对该建筑物结构构件的涂层厚度进行检测，结果表明，该建筑物构件的涂层厚度满足规范要求。

2）计算分析结果

根据现场检查检测结果，对建筑进行建模计算，所建立的局部结构空间分析模型见图 4.8-6，建筑物构造情况复核结果见表 4.8-1。

建筑物构造情况复核结果   表4.8-1

鉴定内容	《建筑抗震设计规范》 （GB 50011—2010）（2016版）			建筑物现状	鉴定结论
结构类型最大适用高度	框架钢结构7度的最大高度100m			六层框架钢结构，建筑高度29.2m	满足规范要求
结构体系	不宜为单跨结构			单跨结构	不满足规范要求
	框架梁柱板件宽厚比限值	柱	工字形截面翼缘外伸部分13；工字形截面腹板52	工字形截面翼缘外伸部分＜13；工字形截面腹板＜52	满足规范要求
		梁	工字形截面翼缘外伸部分11；工字形截面腹板85~120 $N_1/(Af) \leqslant 75$	工字形截面翼缘外伸部分＜11；工字形截面腹板85~120	满足规范要求
	房屋最大高宽比不应超过6.5			房屋最大高宽比为3.4	满足规范要求
	框架柱长细比不宜大于150			22~49	满足规范要求
	支撑宜成对布置			个别部位采用单斜杆支撑	不满足规范要求
连接	梁与柱的连接宜采用柱贯通型			柱贯通型	满足规范要求
	厂房柱脚宜采用埋入式、插入式或外包式柱脚			外包式	满足规范要求

4.9 大跨度空间平面桁架钢结构鉴定

  随着钢结构建筑在我国的应用范围逐步扩大，新技术应用方面也取得迅猛发展，建筑规模和跨度越来越大，造型也越来越新颖独特。从北京奥运会鸟巢到上海世博会，钢结构工程无论在建筑造型还是在结构形式上都有了新的突破，钢结构建筑已经随处可见。本节分享的项目所采用的空间平面桁架体系是一种特殊的空间结构体系，具有受力合理、施工方便、适应性强、经济环保性能优的特点。

1. 项目概况

本项目位于广州市，建于 2015 年，地上 1 层，最大高度为 31.4m。结构为不规则的钢桁架，采用圆钢柱及钢桁架承重，承重结构轴线总长度为 162m，总宽度为 127m，外圈钢柱平均高度为 17m，中部钢柱平均高度为 31m。钢柱采用冲孔灌注桩基础，屋面及外围采用镂空尼龙网围护，现主要用作飞禽网笼。本项目结构布置情况见图 4.9-1。

2. 现场检测情况

对本项目结构采取无损检测的方式进行检测，检测内容如下：

（1）采用测距仪、钢卷尺、测厚仪对承重构件进行结构布置及构件尺寸核查；

（2）采用里氏硬度仪对主要构件的抗拉强度进行检测；

（3）采用超声波探伤仪对主要节点的对接焊缝进行焊缝探伤检测；

 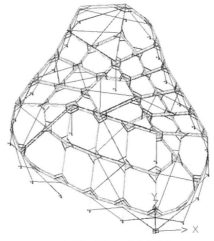

（a）结构现状示意 　　　　　（b）结构整体示意（俯视）

图4.9-1　结构布置情况

（4）采用防腐涂层测厚仪对结构柱和桁架上、下弦杆的防腐涂层厚度进行检测；

（5）采用全站仪对钢柱的倾斜以及桁架上、下弦杆的挠度变形进行检测。现场检查检测情况见图4.9-2。

3. 技术分析

依据现场检测结果及原结构竣工图纸，对结构进行建模，并验算承载力。本项目属于大跨度钢桁架结构，按单构件及结构整体计算所受风荷载，并分别进行验算；其余恒载及活荷载参考原结构设计图纸及现场实测情况取值。为确保计算结果的准确性及可靠性，技术人员采用3D3S及SAP2000两个计算软件进行模拟验算，计算模型简图见图4.9-3。

（a）梁柱节点

（b）桁架节点

（c）桁架间连接情况

（d）柱脚节点

（e）钢结构厚度检测

（f）钢柱倾斜检测

图4.9-2 现场检查检测情况

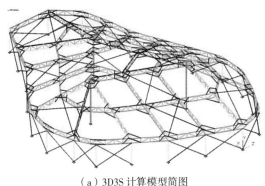
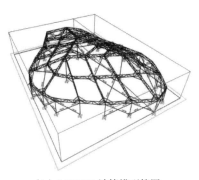

（a）3D3S 计算模型简图 　　　　　　　　（b）SAP2000 计算模型简图

图4.9-3　计算模型简图

本结构属于典型的空间平面桁架体系，且桁架之间的横向连接较弱。除此之外，桁架上弦杆主要受压，面外约束也不足，因此考察了屋盖的整体稳定性能，在几种标准组合下进行了弹性屈曲分析，选取了最先出现的整体屈曲模态，如图 4.9-4 所示。可以看出，其整体屈曲时刻的形态对应于多处空间桁架平面外失稳，其对应的荷载系数为 15.933，满足规范要求。

整个屋盖由钢柱支撑在离地面约 30m 的高空，钢柱之间的跨度大，且钢柱细长，整体结构的抗侧刚度同样值得关注。为此，技术人员设定了重力荷载代表值作为质量源，同时考虑一定的拉索预张力提供的几何刚度，对其进行了特征值分析，取其第一阶振型，如图 4.9-5 所示，对应的自振频率为

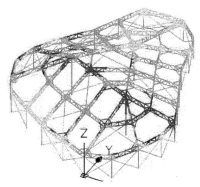
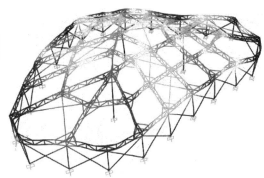

图4.9-4　计算模型整体屈曲模态　　　　图4.9-5　第一阶振型

0.72Hz。可以看出，该阶振型对应的振动形态为屋盖整体的侧向振动，主要由框架柱和柱间交叉拉索提供刚度。

结构的整体承载力及变形计算结果见图4.9-6和图4.9-7。

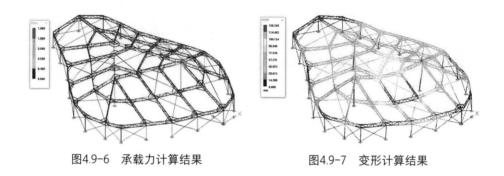

图4.9-6　承载力计算结果　　　　　图4.9-7　变形计算结果

4. 小结

本次鉴定中，技术人员按照结构的实际布置准确建立模型，采用两种计算软件对结构进行模拟验算，对受力杆件进行计算分析及承载力复核。考虑本结构面外约束较弱、钢柱间距跨度大且细长，因此复核了屋盖的整体稳定性能以及整体结构的抗侧刚度，并对结构的整体性能进行了较合理的评估。

4.10　某厂房钢网架结构鉴定

网架结构由于刚度大、质量轻、抗震性能良好等特点，被广泛使用在大跨度屋盖、大型公共建筑、体育场馆等重要工程中。因此，网架结构的可靠性越来越受到人们关注。本节就近期完成的一个检测鉴定项目进行分享。

1. 项目概况

该项目位于广州市，设计用途为车间厂房屋盖，建于 2012 年，跨度为 59.6m × 52.7m。结构基本形式为正方四角锥网架，杆件为无缝钢管，采用螺栓球节点连接，并用箱型钢柱作为受压支撑，屋盖系统采用压型钢板作面层，结构整体计算模型见图 4.10-1。

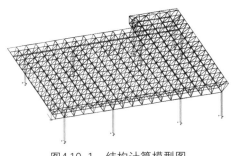

由于本网架拟进行结构改造，委托方提出需要全面了解建筑物的安全性能和使用性能，故技术人员对结构的可靠性做出鉴定。

图 4.10-1　结构计算模型图

2. 现场检测

钢网架检测项目分为尺寸与厚度、涂层厚度、超声波焊缝探伤、磁粉探伤、挠度检测等项目，现场检测作业详表 4.10-1 及图 4.10-2。

现场检测内容　　　　　　　　　　　　　　　　表4.10-1

检测项目	检测仪器	检测结论
尺寸与厚度	游标卡尺和超声波测厚仪	杆件尺寸、厚度及螺栓球直径均在规范允许偏差范围内
涂层厚度	防腐涂层测厚仪	网架结构构件涂层厚度满足要求
超声波焊缝探伤	超声波探伤仪	焊缝的检测结果合格
磁粉探伤	磁粉探伤仪	杆件表面无超标缺陷
网架挠度	全站仪	网架最大竖向挠度为 1/684，符合规范要求

3. 技术分析

1）承载能力分析

下面依据《工业建筑可靠性鉴定标准》（GB 50144—2019）进行承载能力分析。

（a）网架现状　　　　　　　　　（b）杆件涂层打磨

（c）杆件厚度测量　　　　　　　　（d）杆件尺寸测量

（e）涂层厚度测量　　　　　　　　（f）全站仪变形测量

图4.10-2　现场检测内容

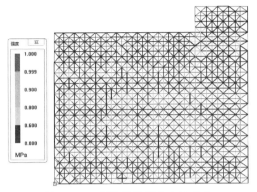

图4.10-3 杆件的强度应力比分布

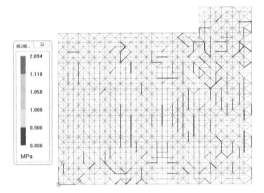

图4.10-4 杆件的稳定应力比分布

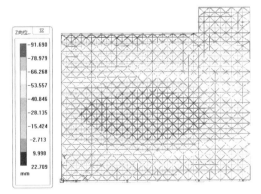

图4.10-5 标准组合下网架竖向变形
图（对应挠度为1/566）

采用3D3S钢结构设计软件建立计算模型，网架结构的外荷载按静力等效原则，将节点所辖区域内的荷载集中作用在该节点上。进行结构分析时，可忽略节点刚度的影响，假定节点为铰接，杆件只承受轴向力。计算结果显示如下。

（1）所有杆件的强度应力比均小于1.0，满足设计要求，具体应力分布见图4.10-3。

（2）共有25根杆件的稳定应力比大于1.11（承载能力评级为d），12根杆件的稳定应力比在1.05~1.11之间（承载能力评级为c），27根杆件稳定应力比在1.00~1.05之间（承载能力评级为b），不满足设计要求，占总构件数的2.79%，具体应力分布见图4.10-4。

（3）网架计算最大竖向变形为91.7mm，对应挠度为1/566，具体分布见图4.10-5，满足《空间网格结构技术规程》（JGJ 7—2010）表3.5.1条规定的最大挠度容许值1/250。

2）可靠性等级评定

根据《工业建筑可靠性鉴定标准》（GB 50144—2019），上部承重网架结构可靠性等级为 C 级，评定结果汇总详表 4.10-2。

鉴定结果 表4.10-2

鉴定项目	承载功能等级	结构整体性等级	上部承重结构使用状况等级	结构水平位移等级
鉴定评级	C	A	A	A
安全性等级	C		—	
使用性等级	—		A	
可靠性等级	C			

4. 小结

本次鉴定根据现场检查、检测及软件计算分析，依据《工业建筑可靠性鉴定标准》（GB 50144—2019）对网架可靠性进行等级评定，并针对需要处理的部位（部分承载能力等级评定为 c、d 级的构件）提出了切实可行的处理建议，对结构的后续改造提供技术依据，为业主提供了高效、优质的安全保障服务。

4.11 大型铝合金钢结构吊灯安全性评估

吊灯来源于欧洲，最早的水晶吊灯诞生于享有"浪漫之都"美誉的法国，已有 400 年的历史。新中国成立后，我国现代灯具工业迎来了发展的春天，大型吊灯、壁灯、吸顶灯等各类灯具陆续走进了日常的使用中。

图4.11-1 吊灯现状外观

水晶吊灯凭借其华丽多变的造型、独特的审美价值，成为大多数办公大楼及家用客厅的优选。一般水晶吊灯多采用钢材、铁材、铝材等材料作为受力构件，使用寿命大多不超过 30 年，故对于使用时间超过 30 年的吊灯，及时检查以确保其安全使用的工作必不可少。

1. 项目概况

该项目房屋建于 1984 年，门厅位置的吊灯于房屋建成初期安装，使用年限较久，设备陈旧，且曾发生吊穗掉落的情况，存在安全隐患，吊顶现状见图 4.11-1。受业主的委托，技术人员前往现场对该吊灯进行检查鉴定。

2. 现场检查情况

现场检查结果如下。

（1）吊灯总体情况：吊灯使用年限较久，多处吊穗脱落。

（2）吊灯支承构件尺寸：采用游标卡尺及铝合金超声波测厚仪对构件尺寸进行复核。其中，吊灯支承构件（铝合金方管）尺寸现场检测约为 100mm × 45mm × 1.5mm，与设计图纸标注的型号 100mm × 50mm × 3mm 不符；

（3）吊灯支承构件损伤：铝合金方管个别部位涂层脱落；部分次龙骨与主龙骨搭接处连接松动；未发现明显弯曲变形、腐蚀及锈蚀现象。

具体检查情况见图 4.11-2。

（a）吊灯目前使用情况　　　　　　　　　（b）铝合金方管喷漆打磨

（c）铝合金方管尺寸测量　　　　　　　　（d）铝合金方管的支座外观

图4.11-2　具体检查情况

3. 技术分析

依据现场检测结果，对吊灯支承龙骨构件进行建模及承载力验算。根据《铝合金结构设计规范》（GB 50429—2007）验算后可知，构件承载能力均满足要求。计算模型简图见图 4.11-3，计算结果见图 4.11-4 和图 4.11-5。

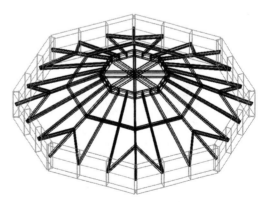

图4.11-3　计算模型简图

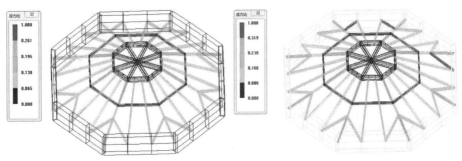

图4.11-4　构件强度应力比分布示意图
（最大强度应力比为 0.26）

图4.11-5　构件稳定应力比分布示意图
（最大稳定应力比为 0.32）

4.小结

在本次鉴定中，技术人员通过对吊灯的现场检查及对其支撑构件的计算分析，针对现有的损伤情况，对需要处理的部位以及后续使用提出了切实可行的建议。对于吊灯、雨篷、广告牌等常用于人流密集处，且存在掉落隐患的常见围护结构，其安全与房屋安全一样不容忽视。在日常使用中，我们应定期进行检查，一旦发现支承构件出现松动变形等安全性损伤，或构件出现掉落的征兆，应立即停止使用，并做好防坠落措施，以免其掉落伤人，同时应上报相关部门。

房屋加固改造案例

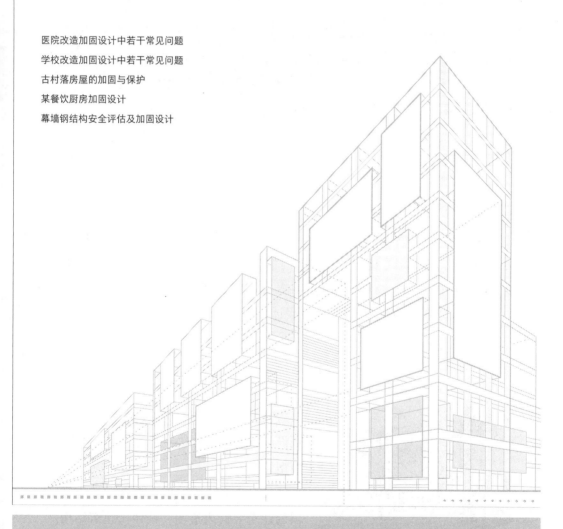

5.1 医院改造加固设计中若干常见问题

当前，随着社会的不断发展，人们对医院（包括社区医院）的医疗要求进一步提高，多数医院由于建造时期较早，医疗功能无法满足现在的需求，亟须进行提升改造。下面以两家医院的整体改造加固设计为例，为大家介绍医院改造加固设计项目中的若干常见问题。

【案例一】

1. 项目概况

该房屋主体结构建于 20 世纪 90 年代，为框架剪力墙结构，地下 1 层，地上 13 层，建筑高度 42.40m。该房屋部分位置缺失原设计图纸资料，根据委托方提供的该房屋建筑结构可靠性及抗震鉴定报告（以下简称"鉴定报告"），以及建筑装修改造图进行加固设计。

2. 计算分析

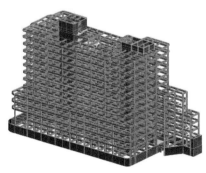

图5.1-1 YJK计算模型

（1）建模：根据委托方提供的鉴定报告及鉴定单位提供的结构复原图以及原设计图纸在 YJK 软件中进行建模分析，模型详图 5.1-1。

（2）楼面荷载取值：根据委托方提供的建筑装修改造图，按照《建筑结构荷载规范》（GB 50009—2012）进行楼面附加恒载、楼面活载和隔墙荷载的取值。

因其属于既有建筑整体改造工程，需要满足现行规范的要求，荷载分项系数应按恒载 1.3、活载 1.5 执行。

（3）风荷载取值：该项目所在地区基本风压 0.50kN/m² （50 年重现期），地面粗糙度类别为 C 类。

（4）荷载折减情况如下。

楼面荷载折减：按加固后结构使用年限 30 年根据《建筑结构荷载规范》（GB 50009—2012）进行活荷载年限折减，折减系数为 0.955。

风荷载折减：按加固后结构使用年限 30 年根据《建筑结构荷载规范》（GB 50009—2012）进行基本风压取值，即计算风荷载时基本风压按 30 年重现期取值，为 0.45kN/m²。

3. 抗震性能评估

该房屋设防烈度为 7 度，设计基本地震加速度为 0.10g，抗震设防分类为重点设防类。按《抗鉴标》采用 B 类建筑、8 度设防对该房屋进行抗震构造评估。根据鉴定报告评估结果，该房屋整体结构抗震性能基本满足国家七度区重点设防类（乙类）建筑的抗震设防要求。

4. 加固处理措施

部分框架柱、梁、板不满足承载力要求，需要进行加固处理。主要采用以下加固措施。

（1）对承载力不满足的柱，采用外粘型钢加固法及增大截面法加固；

（2）对承载力不满足的梁，采用加大截面法及粘贴钢板加固法加固；

（3）对承载力不满足的板，采用粘贴纤维复合材加固法和新增叠合层加固法加固；

（4）对出现结构损伤（裂缝、渗水等）的柱、梁、板进行修复处理。

【案例二】

1. 项目概况

该房屋主体结构建于 20 世纪 80 年代末，为钢筋混凝土框架结构，地上 8 层。该房屋缺乏原设计图纸资料，根据委托方提供的鉴定报告，以及建筑装修改造图进行加固设计。

2. 项目的主要特征

（1）房屋原为酒店，现拟改造为社区医院，抗震设防分类由标准设防类提高到重点设防类，进一步提高房屋抗震性能要求。

（2）本项目根据委托方提供相关文件，最终确定加固后结构的使用年限为 10 年。因此，根据规范，按 10 年结构设计使用年限进行相应的荷载折减。

（3）鉴定报告不够详尽，提供的必要设计依据不全，导致需重复进场补充设计依据。同时，鉴定单位是按改造前酒店的荷载和 B 类建筑进行鉴定的，与改造后的医院荷载不符，计算结果不能采纳，同时抗震性能需重新按 A 类建筑进行评估。

（4）进入施工阶段，根据图审会议，现场部分位置结构与鉴定单位提供的结构复原图不符，导致设计也相应不符，需作变更处理。同时，对于某些构件的加固做法提出了施工方面存在的某些困难，技术人员结合施工现场，充分考虑相关条件，进行重新复核，并做相应变更。

3. 计算分析

（1）建模：技术人员根据委托方提供的鉴定报告及鉴定单位提供的结构复原图，在 YJK 软件中进行建模分析，模型见图 5.1-2。

（2）楼面荷载取值：根据委托方提供的建筑装修改造图，按照《建筑结构荷载规范》（GB 50009—2012）进行楼面附加恒载、楼面活载和隔墙荷载的取值。值得注意的是，因其属于既有建筑整体改造工程，需要满足现行规范的要求，荷载分项系数应按恒载 1.3、活载 1.5 执行。

（3）风荷载取值：该项目所在地区基本风压 0.50kN/m²（50 年重现期），地面粗糙度类别为 B 类。

（4）荷载折减方案如下。

楼面荷载折减：其加固后结构使用年限为 10 年，活荷载可以根据《建筑结构荷载规范》（GB 50009—2012）进行折减，折减系数为 0.911。

图5.1-2 YJK计算模型

风荷载折减：其加固后结构使用年限为 10 年，根据《建筑结构荷载规范》（GB 50009—2012），计算风荷载时，基本风压可按 10 年重现期取值，为 0.3kN/m²。

4. 抗震性能评估

该房屋设防烈度为 7 度，设计基本地震加速度为 0.10g，抗震设防分类为重点设防类。按《抗鉴标》采用 A 类建筑，8 度设防对该房屋进行抗震构造评估。评估结果显示，该房屋抗震构造措施满足规范各项要求，可评估为综合抗震能力满足抗震要求。

5. 加固处理措施

部分框架柱、梁、板不满足承载力要求，需进行加固处理。主要加固措施如下：

（1）对承载力不满足的柱，进行外粘型钢加固法加固处理；

（2）对承载力不满足的梁，进行增大截面加固法及粘贴钢板加固法加固处理；

（3）对承载力不满足的板，进行粘贴纤维复合材加固法加固处理；

（4）对出现结构损伤（裂缝、渗水等）的柱、梁、板进行注浆修复处理。

6. 部分常见问题解决方法

（1）房屋需要根据《建筑工程抗震设防分类标准》（GB 50223—2008）进行抗震设防分类。设计者往往容易直接将其划定为重点设防类，这是不正确的。医院属于防灾救灾建筑，规范中明确规定，应根据医院的等级以及具体用途等进行划分，设计人员需仔细判别后，划定准确的设防分类。

（2）加固后的结构设计使用年限需按照相关规范执行。若委托方有不同的需求，应结合委托方需求进行设计。设计者可以按加固后结构的使用年限，根据相应的荷载规范进行年限折减，折减后，可以不同程度减少加固量，降低造价。

（3）医院功能用房种类众多且复杂，要按照各个功能房间的准确用途，根据规范进行荷载取值，若规范未提供的，需根据实际设备厂家提供的设备荷载情况进行设计。

（4）鉴定报告常出现不够详尽，提供的必要设计依据不全的情况，造成无法直接采用报告结果进行设计。例如，混凝土强度未按规范进行推定取值，抽检数量不足等。另外，鉴定单位多是按改造前的荷载进行鉴定的，与拟改造的情况不符，计算得出的构件评级结果也是不能直接采用的。特别是对于无原设计图纸资料的项目，设计单位作为后介入的单位，着手项目时，应仔细对鉴定报告进行设计依据的收集及梳理，如发现缺漏，应及时要求相关单位补齐。

（5）房屋无法满足现行消防规范的要求，因此常常需要增设大体积的消防水箱，荷载变化较大，新增水箱位置基础容易出现承载力不足的情况。因此，需要合理设置水箱位置、水箱数量及体积等，以尽量减少基础的加固。

（6）加固方法种类较多，对于某一构件的加固方法并不是唯一的，宜从多个方面选用适合该项目实际情况的加固方法进行加固，例如自重轻、施工较为便捷、影响使用空间较小等。

（7）许多时候往往会出现现场部分位置结构与鉴定提资结构复原图不一致的情况；进入施工阶段，也会存在部分位置加固做法较难实施的情况。各方应积极快速反馈，设计者应结合现场充分考虑各类条件进行重新复核，及时进行必要的变更，共同推进项目进展。

5.2 学校改造加固设计中若干常见问题

自然灾害会使教学楼受到不同程度的损伤，影响教学楼的正常使用；同时，随着时代发展，教学楼使用功能的改变，以及教学楼自身不可抗拒的老化问题，使得针对教学楼的加固改造日渐增多。此外，单跨框架的结构形式会造成结构抗震冗余度不够，抗震防线单一，在地震作用下，柱构件容易被破坏，造成结构连续倒塌。下面通过两个学校整体改造加固设计案例，为大家介绍学校改造加固设计项目中的若干常见问题。

【案例一】

1. 项目概况

该房屋主体结构建于 20 世纪 90 年代，采用 6 层单跨框架结构，抗震设防烈度为 7 度，Ⅱ 类场地，特征周期为 0.30s，地震设计分组为第一组，基本风压为 $0.5kN/m^2$，地面粗糙度 C 类，根据鉴定标准属于 B 类建筑，本项目房屋综合抗震能力不满足 B 类建筑抗震鉴定要求。因业主缺失原设计图纸资料，技术人员根据委托方提供的该房屋建筑结构可靠性及抗震鉴定报告（以下简称"鉴定报告"）及建筑装修改造图进行加固设计，模型见图5.2-1。

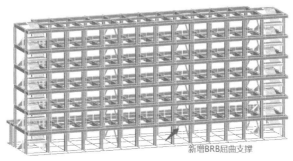

新增BRB屈曲支撑

图5.2-1　YJK计算模型

2. 鉴定报告存在问题

问题1：采用单跨框架结构体系，不满足重点设防类（乙类）建筑的抗震设防要求。

问题2：局部构件存在以下问题。

（1）建筑物首层有部分柱轴压比不满足设计要求。

（2）部分框架柱的箍筋不满足抗震构造要求。

（3）部分梁不满足承载力设计要求。

（4）部分柱混凝土实际强度低于C20，不满足规范要求。

（5）砌体填充墙与框架柱有拉筋，但拉筋长度不满足规范要求。

3. 加固方法

问题1处理：对单跨框架结构体系可采用新增框架柱、增设剪力墙、设置BRB屈曲约束支撑等方式进行加固。

（1）在悬挑走廊端部增设框架柱，将原单跨框架变为双跨框架体系的加固方法满足规范的要求，但是从反应谱分析和静力弹塑性分析的结果来看，这种加固方法的效果并不明显。另外，增设的框架柱改变了悬挑梁的受力状态，对构件更加不利。

（2）增设剪力墙加固的方法可以有效地增加结构的抗侧刚度和承载力，使结构具有多道抗震防线，但增设的剪力墙需要增加基础，加固施工对原结构的影响也较大。

（3）增设屈曲约束支撑进行抗震加固，既能为原结构提供很大的刚度和承载力，又可以通过钢材屈服耗能保证主体结构的安全，同时加固施工简单快捷、无湿作业，该方案采用加 BRB 屈曲约束支撑加固（图 5.2-2）。

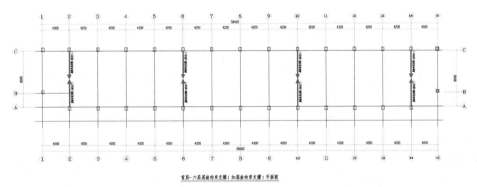

图5.2-2　BRB屈曲约束支撑平面布置图

问题 2 处理：

（1）对部分柱轴压比不满足设计要求的，采用柱加大截面进行加固。

（2）对箍筋不满足抗震构造要求的框架柱，采用粘碳纤维箍的方法进行加固。

（3）对部分不满足承载力要求的梁，采用粘碳纤维箍的方法进行加固。

（4）对部分柱混凝土强度低于 C20 大于 C15 采用挂高强复合砂浆钢筋网进行加固。

（5）对砌体填充墙与框架柱连接处不满足设计要求的拉筋，采用重新增设拉筋进行加固。

【案例二】

1. 项目概况

该房屋主楼主结构建于 20 世纪 70 年代，为砌体结构房屋，共四层，无地下室，建筑高度约 14.1m，为学生宿舍使用。外立面如图 5.2-3 所示。抗震设防烈度为 7 度，Ⅱ类场地，特征周期为 0.35s，地震设计分组为第一组，基本风压为 0.5kN/m²，地面粗糙度 C 类。根据《抗鉴标》，本项目房屋综合抗震能力不满足 A 类建筑抗震鉴定要求。

图5.2-3　建筑外立面图

2. 鉴定报告存在问题

（1）该房屋建于 20 世纪 70 年代，按当时施行的规范设计，房屋基本没有进行抗震设计，抗震设防分类由标准设防类提高到重点设防类，进一步提高了房屋抗震性能要求；

（2）该房屋没有设置圈梁、构造柱；总高度和层数没有超过规范规定；

（3）屋面梁下的墙体抗震承载力满足规范规定；

（4）承重墙砌筑砂浆实测强度小于 M2.5；

（5）部分墙体抗震、受压不满足承载力要求；

（6）部分墙体高厚比不满足承载力要求。

3. 加固方法

（1）对构造柱设置、圈梁设置不满足建筑抗震要求的情况,采用外加圈梁－钢筋混凝土柱加固，或采用现浇钢筋混凝土板墙加固墙体，并加竖向加强钢筋带和水平加强钢筋带；楼体四角外加转角构造柱、外墙四周加圈梁外加柱，具体做法见图 5.2-4；

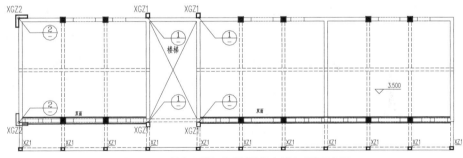

图5.2-4 外加圈梁-钢筋混凝土柱加固示意图

（2）对承重墙砌筑砂浆实测强度不满足要求的情况，采用钢筋混凝土板或钢筋网砂浆面层加固；楼梯间两侧的横墙采用双侧加钢筋混凝土板加固。

（3）对部分墙体抗震、受压不满足承载力要求的情况，采用钢筋混凝土板或钢筋网砂浆面层加固。

（4）对墙体高厚比不满足要求的情况，采用钢筋混凝土板或钢筋网砂浆面层加固。

4.学校砌体结构常见问题解决方法

（1）当具有明显扭转效应的多层砌体建筑抗震能力不满足要求时，可优先在薄弱部位增设抗震墙，或在原墙面增加面层；也可采取分割平面单元等减少扭转效应的措施。

（2）对于材料强度严重不足的墙体，可采取拆除重砌的方法。重砌时，应最大限度地减小对下部结构与基础的影响。

（3）对一般抗震承载能力不足的砌体结构，可采用增设砂浆面层或板墙加固的方法。

（4）当墙体布置在平面内不闭合时，可增设墙段，或在开口处增设现浇钢筋混凝土框架形成闭合。

（5）当纵、横墙交接处无拉结筋，或拉结不满足规范要求时，可采用钢拉杆、长锚杆、外加柱、外加圈梁或纵横墙面均增加面层等加固方法。

（6）当楼（屋）盖构件支承长度不满足要求时，可增设托梁或采取增强楼（屋）盖整体性等措施；对腐蚀变质的构件应更换；对无下弦的人字屋架应增设下弦拉杆。

（7）当构造柱或芯柱设置不符合鉴定要求时，应设置外加柱。

（8）当墙体采用双面钢筋网砂浆面层或钢筋混凝土板墙加固，且在墙体交接处设置相互可靠拉结的配筋加强带时，可不另设构造柱。当层高较高时，对承重体系的外纵墙，宜在无构造柱的承重窗间墙设置钢筋混凝土组合柱。

（9）当圈梁设置不符合鉴定要求时，应设置圈梁；外墙圈梁宜采用现浇钢筋混凝土外加圈梁，内圈梁可用钢拉杆，或在进深梁端加锚杆代替；当采用双面钢筋网砂浆面层或钢筋混凝土板墙加固，且在楼层上、下两端增设配筋加强带时，可不另设圈梁。

5.3 古村落房屋的加固与保护

一些老旧的村落和房屋，往往在文化和历史层面存在一定价值，其改造加固需采用不同于一般房屋的方法。如何进行修缮性加固，"修旧如旧"，遵循保持原来的建筑形制、建筑结构、建筑材料和工艺技术的"四保存"原则，最大限度地保留其历史风貌，是此类建筑改造加固设计需要思考的问题。

1. 项目概况及存在问题

本项目中的古建筑群建设于 100 多年前，采用青砖砌体墙承重，楼盖、屋架为木结构，建筑外貌如图 5.3-1~图 5.3-4 所示。此类项目在建设规划早期，应充分了解其文物价值、文化价值，以便采取相适宜的修缮加固方法。在加固过程中，遇到以下问题：

（1）当前的可靠性鉴定规范，在材料强度确定（如石灰砂浆）上，没有实际可行的依据。加固前，如果仅仅依靠一般的鉴定资料，不足以做出合理

图5.3-1　某房屋全貌

图5.3-2　墙上的滴水兽

图5.3-3　门洞口上破损的砌体

图5.3-4　原房屋木屋盖

的加固方案。

（2）如果一味偏于保守地处理，采用钢筋混凝土板墙加固，或将其替换为钢筋混凝土构件，会导致原建筑特征或文化特色丧失，与加固修缮的初衷背道而驰。

2. 处理办法

（1）在建筑改造方案逐渐形成过程中，结构专业人员应该积极引导建筑专业采用不增加原结构荷载的改造思路，尽量减少对原结构构件的拆改。实在需要增加夹层时，可采用新增内部钢结构承载的办法。

（2）由于此类建筑改造修缮后一般作为文化景区或商业运营，在抗震措施上不能拘泥于单纯的承载力验算，而更需要注意采用防倒塌措施，如对原纵、横墙存在的通缝进行处理，注意较高大墙体的拉结，提出定期监测的措施。

3. 修缮与加固思路

（1）根据《古建筑砖石结构维修与加固技术规范》（GB/T 39056—2020）第4.3节，古建筑砖石结构的维修与加固应遵循以下原则：

①不得改变和破坏原有建筑的布局和结构，不得任意改建、扩建；

②古建筑的加固、连接构件和更换构件，都应易于拆除，并且不因拆除它们而损伤古建筑的原有部分；

③应优先使用传统材料及传统工艺，采用新材料和新工艺维修与加固应可识别；

④应长期保存维修与加固工程的有关资料。

根据上述原则，对于有文化价值的古建筑保护、加固，业主应从整体项目高度去制订开发利用或改造方案，以实现对文化遗产的保护。

（2）根据上述规范第7.2.3条，验算古建筑砖石结构的承载能力时，砖石砌体强度参数和弹性模量应依据砖石砌体的残损情况实测确定，无实测条件时，可按下列规定采用：

①按照《砌体结构设计规范》（GB 50003—2011）的规定采用，并乘以折减系数0.9，有特殊要求时，另行确定；

②对于砖石块材已明显风化、酥碱的构件，应乘以相应系数。具体系数见《古建筑砖石结构维修与加固技术规范》（GB/T 39056—2020）表5。

（3）古建筑竖向构件一般采用木材或青砖砌体，个别如门洞过梁、墙角位置采用石材砌筑，石灰砂浆是较为常见的砌筑材料。由于砖砌体的自重较大，且延性差，故古建筑结构的加固重点和难点一般都在砖砌体。红砖和青砖都是用黏土高温烧成，颜色差别在于烧制过程中是否接触氧气。燃烧时氧气充足，黏土中的铁元素就会充分氧化生成氧化铁，砖块为红色；氧气不足，部分氧化铁就会被还原成四氧化三铁和氧化亚铁，砖呈现青灰色。古建筑砖砌体易产生酥碱、松散、鼓闪现象，针对上述砌体缺陷，应尽可能采用局部重新砌筑或局部拆除后重新砌筑的方法。对于砖强度，鉴定单位一般采用回弹法给出强度建议值；对于石灰砂浆，一般采用贯入度法给出其强度设计值。但需要注意的是，因为相关检测规范的适用范围并不包括青砖或石灰砂浆，所以上述强度设计值只能作为参考。建议对于某些关键构件按照砂浆强度为0进行砌体承载力验算。当条件允许时，可以进行现场荷载试验，以确定合理的承载力验算依据。

需要注意的是，南方地区的砖砌体墙经常使用空心墙或空斗墙，空斗墙做法详图5.3-5。修缮加固设计前，应充分查明此类墙体的分布，以便较为准确客观地评估其承载力。

（4）应采用增强房屋整体性的构造及防倒塌构造。例如，图5.3-6给了一个对于纵、横墙位置出现竖向通缝时增设构造柱及拉结筋的构造做法。此做法需要对原砌体结构局部进行凿除，不一定适用于具有文物价值的房屋。对于具有文物价值的房屋，可考虑采用角钢作为构造柱，并将新增拉结钢筋布置于灰缝，尽量减少对原砖墙的凿除作业，减小对原房屋外观的影响。

（5）注意采用新技术。当前高性能砂浆材料和胶粘材料层出不穷，对于采用石灰砂浆的墙体，可考虑对砖缝采用高压注胶，以提高砌筑砂浆强度，从而使墙体整体承载力满足要求。

参考《砖石结构古建筑渗浆加固的研究报告》（盛发和等，《敦煌研究》，2000），该学者认为：古建筑物经历长时期的自然风化作用后，不仅表面层的建筑材料会斑驳松碎，内部砌缝中的灰浆也会逐渐老化，而使得粘结作用降

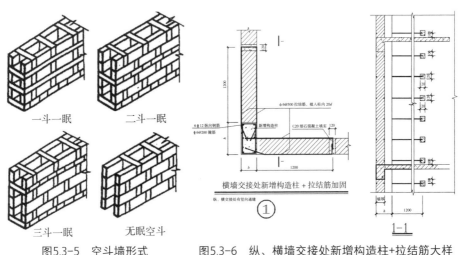

一斗一眠　　　　二斗一眠

三斗一眠　　　　无眠空斗

横墙交接处新增构造柱＋拉结筋加固

①

1-1

图5.3-5　空斗墙形式　　　图5.3-6　纵、横墙交接处新增构造柱+拉结筋大样

低或丧失；压力灌浆对于强度较高的以钢筋混凝土为主要结构材料的新建筑来说是可行的，但对于已岌岌可危的待加固的古建筑物来讲却不可取。上述论文提出采用等压渗透（外界不加压力的自然渗透）的办法对砖和砌筑砂浆进行加固，从而提高砌体墙承载力。

（6）若木屋盖构件现状情况不佳时，一般采用相同工艺的屋盖构件及木构件进行替换。对有较重要文物价值的木结构构件进行加固时，参考《某木结构古建筑的修复和加固处理措施》（孙勇等，《江苏建筑》，2015），可采取以下措施。

①木材的预防性加固：对于遭受真菌或虫害的木材，采用化学药剂处理；采用防朽剂处理腐朽的木材，并保持通风干燥。

②木构件的缺陷修复及加固：对于木结构的裂缝，清除裂缝的积存物后，裂缝宽度小于 3mm 时，用腻子将裂缝勾抹严实；裂缝宽度在 3~30mm 或有贯通的趋势时，用碎木条嵌补，并用粘合剂粘牢，当裂缝宽度大于 30mm 时，除"用碎木条嵌补，并用粘合剂粘牢"，还需在构件的开裂段采用钢板箍或碳纤维布缠绕加固，见图 5.3-7。对于腐朽的木构件，需剔除

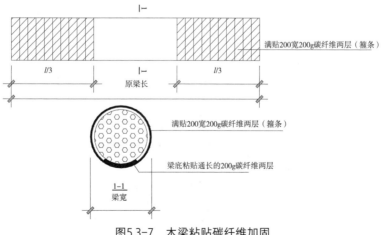

图5.3-7　木梁粘贴碳纤维加固
（源自：《某木结构古建筑的修复和加固处理措施》）

腐朽部分，对保留部分做清洁和防腐处理，以新材料加工出被剔除的腐朽部分的形状，并粘结回原构件，再采用钢板箍或碳纤维布进行加固处理。

5.4 某餐饮厨房加固设计

1. 项目概况

本工程位于广州市，结构体系为框架结构。本次由原办公用房改为餐饮用房，其中餐饮厨房位置的楼面活荷载由原设计的 $2kN/m^2$ 增至 $4kN/m^2$，由此对原结构进行加固改造，以满足荷载增大后结构承载力的要求。改造后，厨房平面布置如图 5.4-1 所示。

采用 PKPM 软件进行加固计算分析，模型布置详图 5.4-2。

（1）改造位置的原结构长跨梁跨度为 11m，短跨梁跨度为 7.4m，经复核，在楼面荷载增加后，梁端截面剪压比均不满足规范要求，因此采用增大截面法来提高梁端抗剪承载力，位置见图 5.4-3；同时，因原梁顶配筋不足，在梁顶采取粘贴钢板法补强。

（2）原混凝土柱截面尺寸为 400mm×600mm，受楼面荷载增加影响，受压承载力不满足计算要求，采用外包型钢法进行加固。

（3）经计算，在改造厨房范围内的原混凝土楼板的底筋、支座负筋也不满足受弯承载力要求，因此在板底、顶采用粘贴钢板法进行加固。

2. 改造加固设计图（图 5.4-4、图 5.4-5）

（1）梁底增大截面加固：在梁底增加 450mm；梁顶粘贴钢板加固：在梁顶支座位置粘 2 道 –100×4 钢板。

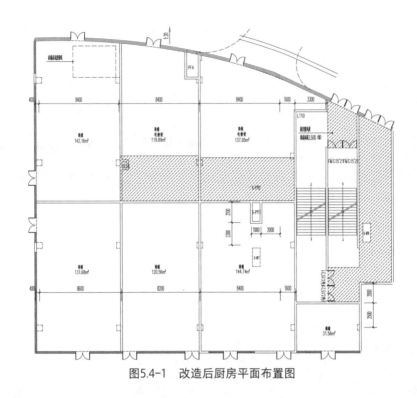

图5.4-1 改造后厨房平面布置图

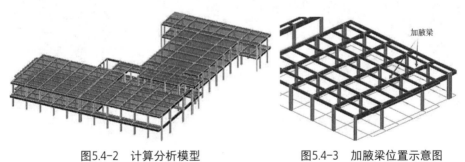

图5.4-2 计算分析模型　　　　图5.4-3 加腋梁位置示意图

（2）柱外包角钢加固：混凝土柱四角包4根贯通角钢∟75×8，角钢外焊箍板60×4@200（800）/400。

（3）楼板粘贴钢板加固：在板底粘 -100×3@300 钢板，板顶支座处粘 -100×4@300 钢板。

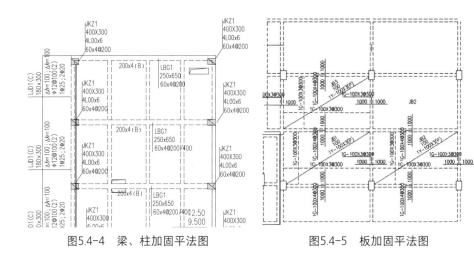

图5.4-4　梁、柱加固平法图　　　　图5.4-5　板加固平法图

3. 现场改造施工成果展示（图 5.4-6、图 5.4-7）

图5.4-6　现场混凝土梁、柱加固　　　　图5.4-7　现场混凝土板加固

4. 总结

本工程通过加固手段对老旧建筑的使用功能进行成功改造，同时确保加固后的结构更安全可靠。相对于新建建筑，加固改造工程充分利用了既有建筑的主体架构，在满足结构可靠度的前提下，充分发挥和挖掘原有资源，以较小的投入达到满足新使用功能要求的目的。

5.5 幕墙钢结构安全评估及加固设计

本工程钢结构位于广州市越秀区，建于 2012 年，基本形式为钢结构，节点采用螺栓及焊接连接方式，主要采用 12 号工字钢与主体结构（混凝土构件、砖墙）连接，热镀锌方通 80mm × 60mm × 4mm 及 60mm × 60mm × 4mm 作为主要幕墙骨架，工字钢与幕墙骨架之间通过 80mm × 60mm × 4mm 镀锌方通连接。原设计为灯箱广告牌支承结构，现使用方拟对部分区域进行拆除，改造为玻璃幕墙，并安装轻质广告（立面图见图 5.5-1）。改变使用功能后，需对主支承钢结构进行现场检测及结构验算，分析该结构现有的工程质量，对该结构的安全性进行评估，并对不满足承载要求的构件及节点进行加固。

图5.5-1 评估位置立面图

1. 现场检测

根据委托方提供的原幕墙结构设计图纸，本次检测内容如下。

（1）结构布置核查：采用激光测距仪复核轴线间距是否与图纸一致，检查结构布置是否满足国家规范和设计要求、是否有构件缺失等。

（2）构件尺寸核查：采用钢卷尺、游标卡尺对钢构件进行部分抽样检查，实际测量构件的高度、宽度和壁厚。

（3）杆件外观缺损及表面损坏检查：检查构件是否有断裂、锈蚀整体弯曲变形、局部凹凸变形、切口、烧伤等。

（4）焊缝外观缺损及表面损坏检查：检查杆件连接焊缝是否有裂纹、表面咬边、表面夹渣，焊缝是否饱满、表面有无气泡和锈蚀程度。选择对结构安全影响大的部位或损伤代表性的部位进行详细检查。

（5）支座情况检查：对钢结构支座进行检查，检查支座是否有滑移变形、开裂现象，观察连接板是否有变形，弯曲、裂纹、锈蚀等缺损情况。

2. 结构存在的问题及加固措施

依据检测结果及复原图纸，建模计算、分析其承载能力，结构计算模型简图见图5.5-2。

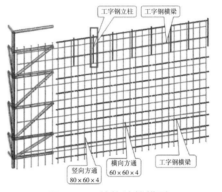

图5.5-2　结构计算模型

1）构件承载力

经验算，部分杆件强度应力比、绕3轴稳定应力比不满足要求，计算结果见图5.5-3。

加固处理方案如下。

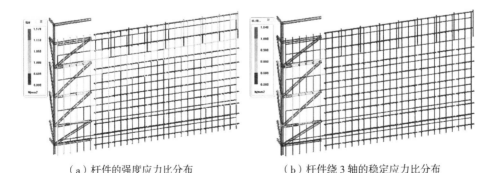

（a）杆件的强度应力比分布　　　　（b）杆件绕3轴的稳定应力比分布

图5.5-3　构件承载力计算结果

（1）对应力比不满足的方通骨架构件采用焊接槽钢的方式进行加固。例如原 60mm×60mm×4mm 方通双侧焊接[6.3 普通槽钢，具体加固大样见图 5.5-4，加固后按 140mm×60mm×4mm 方通进行承载力验算。

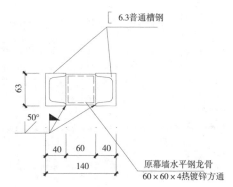

图5.5-4　幕墙横向龙骨（60×60×4热镀锌方通）加固大样图
（加固后按 140×60×4 方通进行承载力验算）

（2）对强度应力比不满足要求的左侧楼梯位置最下层工字钢柱，采用翼缘焊接钢板的方式进行加固，加固后按 360mm×350mm×12mm×25mm 工字钢进行承载力验算。加固位置及加固方法见图 5.5-5。

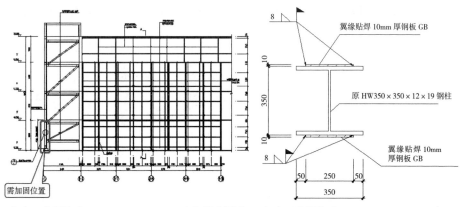

（a）工字钢柱（HW350×350×12×19）加固位置图　　（b）工字钢柱（HW350×350×12×19）加固大样图

图5.5-5　工字钢柱加固方法

2）节点及连接域

工字钢横梁与砌体结构连接节点：没有同时满足受拉、受剪、拉剪复合受力作用下承载要求的节点，连接节点承载能力不满足要求。且节点的锚栓边距及间距均不满足构造最小值要求。现场连接节点情况见图 5.5-6。

（a）工字钢立柱与混凝土结构连接节点　　（b）工字钢横梁与砌体结构连接节点，局部位置
已发生破损

图5.5-6　工字钢柱、梁连接节点

加固处理方案如下：在原工字钢梁位置增加 12 号工字钢柱，通过锚栓与主体结构混凝土楼板连接，增加原工字钢梁与主体结构连接的可靠性，新增的工字钢柱位置及节点处理方法见图 5.5-7。

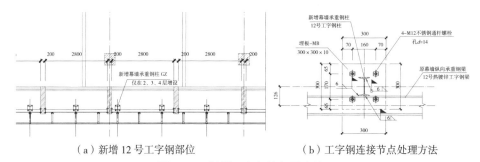

（a）新增 12 号工字钢部位　　　　　（b）工字钢连接节点处理方法

图5.5-7　新增工字钢柱加固方法

3）其他缺陷

竖向方通之间连接位置的焊缝存在漏焊、少焊的情况；幕墙方通骨架与工字钢之间水平连接方通存在裸露无防护部分，杆件易产生锈蚀影响其承载能力。现场缺陷情况见图 5.5-8。

（a）竖向方通之间的连接节点　　（b）水平连接方通与竖向方通、
　　　　　　　　　　　　　　　　　　　工字钢横梁间的连接情况

图5.5-8　方通构件连接节点缺陷

加固处理方案如下：对漏焊少焊位置应进行补焊，裸露部位进行封闭处理；对施工过程中发现锈蚀的部位，应在除锈后重做防护。

3. 加固后整体计算分析

采取上述加固措施后，杆件受力均满足要求，计算结果见图5.5-9。

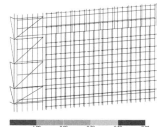 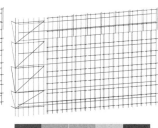 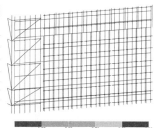

（a）强度应力比：加固后，杆　（b）绕2轴稳定应力比：加固后，（c）绕3轴稳定应力比：加固后，
件最大强度应力比为0.944，　杆件最大绕2轴稳定应力比　杆件最大绕3轴稳定应力比
满足要求　　　　　　　　　　为0.807，满足要求　　　　　为0.918，满足要求

图5.5-9　加固后整体计算分析结果

4. 小结

本项目采用检测鉴定、加固设计的全面协同作业，发挥检测鉴定与加固设计一体化的优势，提升了设计效率和质量，并且为业主节省了工期。

（1）既有建筑结构的检测鉴定、加固设计一体化改造，将两者的前期准备工作进行了有机的结合，二者相辅相成，有效节省了时间、沟通成本和工作量。

（2）现场检测人员可及时给加固设计师提交检测数据，方便加固设计师提前进行结构计算分析，并共同参与到结构检测鉴定的过程中，提前熟悉、了解目前存在的问题，使得加固设计更具有针对性。

本工程实例的鉴定加固一体化取得了较好的效果，具有很好的工程实际意义，可为今后同类工程的鉴定、改造与加固提供借鉴。

[1] Maxim Li. 推理分析：长沙望城区自建房倒塌事故 [DB/OL]. 岩土沿途 .

[2] 盛发和, 徐峰, 廖绍锋 . 砖石结构古建筑渗浆加固的研究报告 [J]. 敦煌研究，2000，（1）：158–168.

[3] 孙勇，丁浩珉 . 某木结构古建筑的修复和加固处理措施 [J]. 江苏建筑，2015，（1）：22–23.